o PODER da CRISE

OUTRAS OBRAS DE IAN BREMMER

Nós contra Eles: O fracasso do globalismo

O Fim das Lideranças Mundiais: O que muda com o G-Zero, onde nenhum país mais está no comando

O Fim do Livre Mercado: Quem vence a guerra entre estado e corporações?

Superpower: Three Choices for America's Role in the World

The Fat Tail: The Power of Political Knowledge in an Uncertain World (com Preston Keat)

The J Curve: A New Way to Understand Why Nations Rise and Fall

Managing Strategic Surprise: Lessons from Risk Management and Risk Assessment (com Paul Bracken e David Gordon)

New States, New Politics: Building the Post-Soviet Nations (com Raymond Taras)

Nations and Politics in the Soviet Successor States (com Raymond Taras)

Soviet Nationalities Problems (com Norman Naimark)

o PODER da CRISE

COMO TRÊS AMEAÇAS — E NOSSAS RESPOSTAS — MUDARÃO O MUNDO

IAN BREMMER

FUNDADOR DA EURASIA GROUP

ALTA BOOKS
EDITORA

Rio de Janeiro, 2023

O Poder da Crise

ISBN: 978-85-508-1880-1

Impresso no Brasil — 1ª Edição, 2023 — Edição revisada conforme o Acordo Ortográfico da Língua Portuguesa de 2009.

Dados Internacionais de Catalogação na Publicação (CIP) de acordo com ISBD

B836p Bremmer, Ian

O Poder da Crise: como três ameaças — e nossas respostas — mudarão o mundo / Ian Bremmer ; traduzido por Andressa Silva. - Rio de Janeiro : Alta Books, 2023.
256 p. ; 16cm x 23cm.

Tradução de: The Power of Crisis
Inclui índice.
ISBN: 978-85-508-1880-1

1. Ciências políticas. 2. Crise. I. Silva, Andressa. II. Título.

2022-3915 CDD 320
CDU 32

Elaborado por Vagner Rodolfo da Silva - CRB-8/9410

Índice para catálogo sistemático:
1. Ciências políticas 320
2. Ciências políticas 32

Produção Editorial
Editora Alta Books

Diretor Editorial
Anderson Vieira
anderson.vieira@altabooks.com.br

Editor
José Ruggeri
j.ruggeri@altabooks.com.br

Gerência Comercial
Claudio Lima
claudio@altabooks.com.br

Gerência Marketing
Andrea Guatiello
andrea@altabooks.com.br

Coordenação Comercial
Thiago Biaggi

Coordenação de Eventos
Viviane Paiva
comercial@altabooks.com.br

Coordenação ADM/Finc.
Solange Souza

Coordenação Logística
Waldir Rodrigues
logistica@altabooks.com.br

Direitos Autorais
Raquel Porto
rights@altabooks.com.br

Assistente Editorial
Matheus Mello

Produtores Editoriais
Illysabelle Trajano
Maria de Lourdes Borges
Paulo Gomes
Thales Silva
Thiê Alves

Equipe Comercial
Adenir Gomes
Ana Carolina Marinho
Ana Claudia Lima
Daiana Costa
Everson Sete
Kaique Luiz
Luana Santos
Maira Conceição
Natasha Sales

Equipe Editorial
Andreza Moraes
Beatriz de Assis
Betânia Santos
Brenda Rodrigues
Caroline David
Gabriela Paiva
Henrique Waldez
Kelry Oliveira
Marcelli Ferreira
Mariana Portugal
Milena Soares

Marketing Editorial
Amanda Mucci
Guilherme Nunes
Livia Carvalho
Pedro Guimarães
Thiago Brito

Atuaram na edição desta obra:

Tradução
Andressa Silva

Copidesque
Paulo Aragão

Revisão Gramatical
Alberto Gassul Streicher
Renan Amorim

Leitura Crítica
Catia Soderi

Diagramação
Rita Motta

Capa
Erick Brandão

Editora **afiliada à:** ABDR Associação Brasileira de Direitos Reprográficos — ASSOCIADO CBL Câmara Brasileira do Livro

ALTA BOOKS
GRUPO EDITORIAL

Rua Viúva Cláudio, 291 — Bairro Industrial do Jacaré
CEP: 20.970-031 — Rio de Janeiro (RJ)
Tels.: (21) 3278-8069 / 3278-8419
www.altabooks.com.br — altabooks@altabooks.com.br
Ouvidoria: ouvidoria@altabooks.com.br

A um copo meio cheio.
A primeira metade foi deliciosa.

SUMÁRIO

INTRODUÇÃO

Longe das câmeras e aquecido pelas chamas da lareira, Ronald Reagan iniciou sua primeira conversa privada com Mikhail Gorbachev fazendo uma pergunta surpreendente: "O que o senhor faria se, de repente, os Estados Unidos fossem atacados por alguém do espaço sideral? Nos ajudaria?" Gorbachev não hesitou. "Com certeza", respondeu. "Faríamos o mesmo", assegurou Reagan. Esse momento aconteceu em uma cabana em Genebra, no dia 19 de novembro de 1985, mas só se tornou de conhecimento público quando Gorbachev contou a história na frente de uma plateia presente no salão de eventos Rainbow Room em Nova York, em março de 2009. Somente Reagan, Gorbachev e seus respectivos intérpretes estavam presentes no momento da primeira conversa.

A revelação de Gorbachev se tornou notícia pelos motivos errados. Vários debates recomeçaram sobre a possibilidade de Reagan, falecido cinco anos antes de Gorbachev compartilhar essa história, não regular muito bem da cabeça. Especialistas mais brincalhões especularam sobre qual das ficções científicas hollywoodianas favoritas de Reagan teria inspirado a pergunta. (Foi estabelecido um consenso: *O Dia em que a Terra Parou*). A piada deixou muitos admiradores de Reagan envergonhados.

Começo com essa história por dois motivos.

Primeiro, Gorbachev disse que essa conversa privada foi um momento importante para a relação entre os dois homens, líderes das duas superpotências mundiais. Com certeza não era uma garantia de paz ou de uma nova versão da Guerra Fria. Havia muitas razões para Reagan, Gorbachev e seus respectivos aliados lutarem nos anos seguintes, e a Guerra Fria não terminou com um ótimo acordo e sim com a implosão soviética. Porém, ao plantar as sementes da confiança e da boa vontade, a pergunta de Reagan e a resposta de Gorbachev criaram as bases para uma relação de trabalho nunca existente entre os líderes dos EUA e da União Soviética, gerando uma possibilidade de cooperação, e até mesmo de coordenação, entre forças hostis, nucleares e inimigas em assuntos de vital importância para os dois países e o resto do mundo. Em várias ocasiões, os líderes dos Estados Unidos e da União Soviética convenceram a si mesmos e uns aos outros de que as duas potências da Guerra Fria estavam em rota de colisão. Reagan e Gorbachev entenderam a necessidade de as retirarem desse caminho — e essa mudança permitiu o progresso em direção à segurança e à prosperidade desfrutadas pelo mundo desde o fim da Guerra Fria.

Em segundo lugar, os líderes mundiais realmente *enfrentam* ameaças à sobrevivência daqueles a quem governam. Podemos usar como exemplo a pandemia global infligindo danos e sofrimento que serão sentidos por décadas, principalmente nos países em desenvolvimento. A COVID-19 começou uma guerra que ninguém venceu. Muitos governos cometeram erros críticos, quase todos os países perderam muitas vidas e todas as nações sofreram uma grande recessão econômica, sendo soterradas por novas dívidas. Acusações políticas dentro e fora das fronteiras pioraram as coisas ao interromper o fluxo de informações e recursos vitais necessários para limitar os danos a todos.

Na próxima década, enfrentaremos riscos ainda maiores. Para sobreviver aos desafios descritos neste livro, devemos aprender as lições ensinadas pela pandemia, embora alguns líderes mundiais não estejam prontos para aceitá-las. Os EUA, a China e outros governos continuarão a competir, às claras e em segredo, sobre centenas de assuntos relacionados à política, segurança e economia com os quais não concordam e nunca concordarão. Porém, nos grandes riscos que ameaçam todos nós ao mesmo tempo, podemos compartilhar responsabilidade, informações, fardo, culpa e crédito enquanto aprendemos com os erros do passado.

A menos que os líderes dos países mais importantes do mundo sejam capazes de criar laços de confiança fortes o suficiente para trabalhar juntos nas ameaças em comum, todos sofreremos catástrofes que nem mesmo o fã de ficção científica Ronald Reagan poderia imaginar.

CRISES FUTURAS

Dois anos após a pior crise de saúde global em um século, o mundo ainda luta para se recuperar, porém agora nosso futuro está entrando em foco. Primeiro precisamos analisar dois fatos. Um, a política interna dos Estados Unidos, a maior superpotência do mundo, está despedaçada. Dois, a relação entre Estados Unidos e China, a mais importante para o futuro coletivo do mundo, está indo na direção errada. Essas duas realidades dificultam a resposta às crises globais à medida que ocorrem.

Hoje enfrentamos três dessas crises. O mundo ainda está lutando para se recuperar dos efeitos econômicos, políticos e sociais da COVID-19 e, inevitavelmente, seremos afetados por outros vírus mais mortais. As mudanças climáticas prejudicarão a vida de bilhões de pessoas e colocarão em risco a sustentabilidade da vida no planeta. A maior de todas as ameaças ao nosso futuro coletivo será causada pelo impacto inesperado de novas tecnologias que alteram a maneira como vivemos, pensamos e interagimos com outras pessoas, e que determinarão nosso destino como espécie.

A política devastada dos Estados Unidos e a intensificação da rivalidade EUA-China colocam em risco nossa capacidade de construir a confiança internacional necessária para enfrentar as grandes crises de nossa época.

A GUERRA INCIVIL NORTE-AMERICANA

Os norte-americanos não procuram mais seus inimigos perigosos no exterior. Eles os encontram do outro lado das fronteiras estaduais, da rua e do corredor. Veem pessoas com posicionamentos políticos diferentes, vizinhos e até parentes como inimigos detestáveis e ignorantes que devem ser vigiados. Eleitores da esquerda e da direita procuram informações (e desinformações e notícias falsas) sobre o mundo em fontes capazes de confirmar apenas seus próprios preconceitos e deixá-los furiosos. O governo — federal, estadual e municipal — reflete cada vez mais essas distorções de maneiras assustadoras. Mesmo em assuntos às vezes comuns entre norte-americanos de esquerda e de direita — como a necessidade de combater a ascensão da China, por exemplo — não há concordância sobre quais são os verdadeiros problemas e como eles podem ser resolvidos. É difícil para cidadãos de outros países e seus governos verem os Estados Unidos como uma fonte de soluções para os problemas globais, quando dezenas de milhões de norte-americanos consideram outras dezenas de milhões de norte-americanos extremistas violentos ou fascistas incorrigíveis. Falarei mais sobre esse assunto — e suas terríveis consequências para os EUA e o mundo — no Capítulo 1.

UMA NOVA GUERRA FRIA?

Em várias frentes, os EUA e a China estarão envolvidos em um novo conflito cujas consequências poderão ser piores do que as da primeira

Guerra Fria. Nenhum dos lados está seriamente comprometido com o outro, visando atingir as metas globais compartilhadas pelos dois países. Essa rivalidade vinha aumentando há anos quando novas animosidades criadas pela COVID agravaram as atitudes tanto na China quanto nos Estados Unidos. Washington e Pequim têm divergências e queixas legítimas. Ambos continuarão brigando por muitos motivos. Porém, os Estados Unidos e a China são mais interdependentes do que os EUA e a URSS jamais o foram, e os líderes dos dois países entraram em uma nova rota de colisão — numa época em que não existe Muro de Berlim para protegê-los um do outro.

Não há muito a ser feito pelos dois para separar os destinos dos próprios países, e nenhuma maneira de se esconder dos problemas do resto do mundo nem de um prosperar sem o outro. Dadas as conexões entre as economias, e a dimensão e iminência das ameaças atuais, uma nova Guerra Fria custaria muito caro às duas nações e ao resto do mundo. Uma nova Guerra Fria seria uma forma de destruição mútua garantida.

Os Estados Unidos da América e a República Popular da China não se tornarão aliados tão cedo, mas podem sair da atual rota de colisão e se tornarem parceiros pragmáticos. Como veremos a seguir, esses líderes podem trabalhar em ameaças compartilhadas pelos dois países e pelo resto do mundo. No início dos anos 1970, época em que apenas Nixon podia entrar na China, e só um homem tão poderoso quanto Mao Tsé-Tung era capaz de conduzir a China a um novo rumo, as duas nações trabalharam juntas para acabar com a Guerra Fria. Como resultado direto, a interdependência econômica desses dois países, no último quarto de século, criou uma era de prosperidade global sem precedentes na história da humanidade. Agora essa conquista histórica está em risco, como detalharei na segunda metade do Capítulo 1.

PANDEMIAS PASSADAS, PRESENTES E FUTURAS

No Capítulo 2, veremos as muitas maneiras como a disfunção norte-americana e a disputa entre EUA e China prejudicaram a capacidade do mundo de responder à pandemia de forma mais eficaz. A emergência da COVID não era apenas previsível. Foi realmente *prevista*, inclusive por líderes mundiais com o poder de preparar a todos nós para evitar as piores consequências. Além disso, estamos cientes de que haverá um novo coronavírus, possivelmente mais transmissível e mortal que a COVID-19.

Porém a experiência com a COVID-19 também nos forneceu lições: verdadeiras histórias de sucesso de cooperação global e vários fracassos fatais relevantes para nossa abordagem a outros desafios mundiais. Para responder a futuras emergências de forma mais eficaz, precisamos compreender ambas.

NOSSO CLIMA

No Capítulo 3 focaremos a crise climática. Assim como os invasores alienígenas de Ronald Reagan e a COVID-19, as mudanças climáticas não se importam com fronteiras nem fazem distinção entre posicionamentos políticos. Elas já destruíram milhões de vidas e modos de subsistência e ainda acabarão com muitas outras. Se a pandemia foi o maior desafio global de nossa época, as mudanças climáticas ameaçam nosso futuro coletivo em uma proporção maior e mais duradoura — criando uma turbulência dentro do lar compartilhado por todos os humanos, fazendo exigências econômicas sem precedentes aos governos, alimentando a instabilidade política e aumentando a desigualdade dentro e entre os países, empurrando pessoas desesperadas através das fronteiras, em quantidade jamais vista em qualquer guerra.

Para enfrentar os muitos desafios causados pelas mudanças climáticas, os governos, que não confiam uns nos outros e cujas populações não compartilham valores políticos ou culturais, devem cooperar e coordenar uma política climática, mesmo competindo em várias outras áreas. Como no passado, governos, empresas privadas e cidadãos devem trabalhar juntos como se estivessem em guerra com um inimigo comum. Porque estão.

TECNOLOGIAS DISRUPTIVAS

No Capítulo 4, focaremos a maior ameaça enfrentada por nossa espécie: a introdução descontrolada de tecnologias extremamente disruptivas. Analisaremos com atenção as muitas maneiras sobre como as novas ferramentas da era digital podem e vão melhorar certos aspectos de nossa vida. Porém, tendo sobrevivido à COVID, estamos mais conscientes da necessidade de testar medicamentos com efeitos colaterais potencialmente perigosos antes de injetá-los na corrente sanguínea mundial. É uma precaução de senso comum. Estamos inventando novas ferramentas, brinquedos e armas capazes de mudar nossas vidas mais rápido do que podemos acompanhar, estudar e entender os efeitos que exercem sobre nós.

Ao longo da história, a inovação nos fortaleceu e enriqueceu, e não podemos esperar que as pessoas — ou seus governos — concordem completamente sobre como novas tecnologias devem ser usadas. Porém, drones autônomos letais, guerras cibernéticas, biotecnologia e inteligência artificial (IA) não são mais coisas de ficção científica. Nem o choque causado por algoritmos capazes de ensinar máquinas a substituírem pessoas no mercado de trabalho. Essas tecnologias estão mudando a relação entre o indivíduo e o Estado — e entre nós e nossos semelhantes — de maneiras difíceis de serem previstas. Durante esse processo, elas estão alterando o que significa ser humano.

G-ZERO

Qualquer um que tenha visto as notícias durante os primeiros dias de pandemia pode ser perdoado por pensar que a COVID-19 criou todo o caos atual no sistema internacional. Os Estados Unidos, a nação mais poderosa do mundo, e a China, o desafiante em ascensão, poderiam ter deixado suas muitas diferenças de lado para colaborar na contenção da crise, no desenvolvimento de uma vacina e na cura das feridas infligidas a todo o mundo pela pandemia. Em vez disso, trocaram acusações. Poderíamos ter visto os EUA, a China e a Europa se unindo para desenvolver as tecnologias necessárias para reabrir economias com segurança em todos os lugares. Porém, isso não aconteceu. Acusações se tornaram comuns. Até os bancos centrais do mundo, responsáveis por várias ações para amortecer as consequências econômicas e sociais para os países mais ricos, trabalharam com o mesmo objetivo, mas não juntos.

No entanto, não foi a COVID-19 que criou as rivalidades e suspeitas responsáveis por bloquear a cooperação. O sistema internacional está corrompido há anos. Em 2012, escrevi um livro chamado *O Fim das Lideranças Mundias: O que muda com o G-Zero, onde nenhum país mais está no comando*. A história é a seguinte: No período de 1975-2009, vivíamos em um mundo governado em grande parte pelos líderes mundiais do chamado Grupo dos Sete (G7), formado por países industrializados — EUA, Grã-Bretanha, França, Alemanha, Itália, Japão e Canadá. Os valores políticos similares e a participação na economia global deram a essas setes nações o poder de criar regras seguidas por outras democracias e muitos países em desenvolvimento. Naquela época, o bloco comunista representava uma ameaça militar, mas carecia de força econômica para igualar a influência do mundo ocidental.

Na metade da primeira década do século XXI, as coisas começaram a mudar. Países como a Índia, a Coreia do Sul, o Brasil, a Turquia, a Indonésia, o México e, especialmente, a China superaram crises e construíram economias que ganharam maior independência do rico poder normativo ocidental e uma nova influência internacional. A Rússia, em vez de se juntar aos grupos ocidentais, tentou jogar sozinha ao criar um novo, embora pequeno, império. O fim oficial do domínio do G7 aconteceu na crise financeira de 2008-2010 e essa emergência deixou claro que nenhum problema global poderia ser resolvido sem a participação da China e de outras nações. A resposta à crise foi coordenada pela versão expandida da organização, o Grupo dos Vinte (G20).

Porém, o G20 é um grupo grande e diversificado de países sem visões comuns sobre democracia e economia de livre mercado. Eles trabalharam juntos de forma eficaz durante o choque financeiro global, quando cada governo reconheceu que tinha a mesma arma carregada apontada para a própria cabeça ao mesmo tempo. Porém, após o fim dessa crise, não conseguiram concordar em muitos assuntos. Criei o termo "G-Zero" para definir essa nova realidade, um mundo carente de líderes dispostos ou capazes de separar conflitos e forçar acordos com relação a problemas importantes e perigosos em nome da estabilidade global e do benefício mútuo. O mundo entrou em uma recessão geopolítica, um ciclo de ruptura das relações entre governos que ocorre sempre que o equilíbrio do poder global muda mais rápido que a estrutura multinacional usada como apoio na administração do sistema internacional. Alianças, instituições e valores responsáveis pela união dessas nações vêm se desfazendo nos últimos vinte anos. As recessões geopolíticas não ocorrem com tanta frequência quanto as recessões econômicas, mas causam enormes danos quando acontecem.

Então veio a COVID. Assim como um terremoto nos mostra quais edifícios estão construídos sobre fundações instáveis, o coronavírus revelou os danos acumulados nas décadas de negligência política, de problemas crescentes e da incapacidade dos líderes mundiais de resolvê-los em conjunto. Tanto os ataques terroristas de 11 de setembro de 2001 quanto a crise financeira global encorajaram certa cooperação entre várias nações contra uma ameaça comum. Porém o mesmo não aconteceu durante a pandemia. Entre os líderes mundiais, acusações foram feitas, as tensões aumentaram, a culpa foi jogada no ar e as fronteiras foram fortificadas. A pandemia criou o primeiro teste global real da era G-Zero e, ao não cooperarem efetivamente para o bem comum, governos de todo o mundo falharam.

A recessão geopolítica abalou as bases do sistema internacional. É um momento histórico em que mais de 70 milhões de pessoas foram forçadas a deixar suas casas e muitas outras foram empurradas de volta à pobreza pelo impacto econômico da COVID. A maioria das instituições multinacionais não representa mais o equilíbrio do poder internacional atual. Líderes eleitos sob o lema de "meu país em primeiro lugar" são menos propensos a apoiar gastos com organizações internacionais, incluindo a Organização das Nações Unidas (ONU), que ajudam refugiados em todo o mundo e coordenam ações para combater as mudanças climáticas. Três décadas após o fim da Guerra Fria, as crescentes divisões transatlânticas, guiadas por interesses e valores diferentes, deixam um número cada vez maior de pessoas questionando o propósito e a utilidade da Organização do Tratado do Atlântico Norte (OTAN). O ex-presidente dos EUA, Donald Trump, mostrou aos populistas de todo o mundo como é fácil se afastar dos principais tratados comerciais, acordos climáticos e da Organização Mundial da Saúde (OMS), mesmo durante uma pandemia. A consequência inevitável é um mundo mais imprevisível, menos seguro e menos preparado para criar novos acordos e instituições para enfrentar os desafios do século XXI. O G-Zero continua sendo a característica que define nossa época.

A CRISE DE QUE PRECISAMOS

Então o que podemos fazer agora? Diante da disfunção no cerne da política norte-americana, das relações conflitantes entre Estados Unidos e China, com um sistema global corrompido e assuntos de vital importância a serem resolvidos, qual é o caminho a seguir? O que será necessário para que nossos líderes mundiais — pessoas que gastam muito mais tempo pensando em abordagens táticas para os pequenos problemas desta semana, ao invés de planos estratégicos para enfrentar desafios globais de longo prazo — invistam em cooperação internacional para responder às questões necessárias?

A história mostra que precisamos de uma crise.

Para encarar de frente o poder crescente do nacionalismo racista das décadas de 1920 e 1930, forçar a criação de um novo sistema internacional capaz de reconhecer a interdependência global pela primeira vez na história e construir novas formas de cooperação global, o mundo precisou da Segunda Guerra Mundial. Foi preciso o temor ao comunista para persuadir os norte-americanos a apoiar o Plano Marshall e ajudar a reconstruir a Europa. Foi necessária a experiência quase mortal da crise dos mísseis cubanos para convencer líderes norte-americanos e soviéticos a criar a "linha direta" nuclear, composta pelo teletipo e os terminais telegráficos disponíveis para uma comunicação segura em situações de alto risco. Faz parte da natureza humana; precisamos do medo para nos ajudar a superar a inércia e a enfrentar os riscos mortais criados por nós mesmos. Mas a interdependência sem precedentes de todas as nações e o poder destrutivo das tecnologias de hoje são uma garantia de que a raça humana não conseguirá sobreviver a uma nova guerra mundial, tampouco suportar uma Guerra Fria entre os EUA e a China, a qual tornaria a cooperação global algo impossível.

Por isso, devemos usar as crises surgindo ao nosso redor — as lições aprendidas com a COVID, o potencial destrutivo das mudanças climáticas e a ameaça existente representada pelos rápidos avanços tecnológicos que não compreendemos — para criar um novo sistema internacional que sirva ao hoje e ao amanhã.

Precisamos de crises assustadoras o suficiente para nos fazer criar um novo sistema internacional que promova a cooperação efetiva em alguns assuntos cruciais. As nações do mundo não precisam ser amigas ou parceiras em todos os projetos; a competição global ainda pode impulsionar o progresso humano. Porém, precisamos de colaboração suficiente para sobreviver a catástrofes potenciais. Precisamos de crises grandes o bastante para nos aterrorizar, mas não tão graves a ponto de destruir nossa habilidade de mudar.

UMA JANELA ESTREITA

Resolver problemas grandes e complexos exige visão, resistência e um salto de fé. Como detalharei nos próximos capítulos, os perigos de hoje são maiores que aqueles enfrentados por Reagan e Gorbachev em 1985. Eles têm vida e ímpeto próprios. Sobreviver a eles não é apenas questão de apertar mãos e desmantelar alguns arsenais. Por mais difícil que tenha sido reduzir a produção nuclear, será mais difícil e complicado criar um novo sistema global de saúde pública, reinventar a forma de produzir e distribuir energia, administrar as consequências massivas das mudanças climáticas e garantir que as novas tecnologias não destruam nosso futuro.

Na verdade, não há garantia de que nosso mundo sobreviverá aos próximos cinquenta anos. Compartilhamos o universo com um número inimaginável de outros planetas e, mesmo assim, ainda não encontramos evidências de vida inteligente. Será por que nosso planeta é o único capaz de sustentar vida? As chances disso são infinitamente pequenas. Mas talvez estejamos sozinhos *atualmente* porque há uma quantidade limitada de tempo entre o momento de surgimento da vida e o momento em que a vida "inteligente" destrói o ambiente que a sustenta. Talvez a janela de tempo que se abre quando uma civilização consegue enviar um sinal detectável ao espaço, e que se fecha quando essa civilização destrói a si mesma, seja bem mais estreita do que pensamos.

Certamente a vida já existiu e ainda existirá por todo o universo, mas talvez apenas por um cosmológico piscar de olhos.

É nisso que os líderes mundiais deveriam se concentrar — e não apenas os líderes da China e dos Estados Unidos. Hoje, esses são os dois países mais poderosos do planeta em termos militar, econômico e tecnológico. Mas a cooperação deve ir muito além deles. Deve ser *global*. A Europa, como discutirei nas próximas páginas, continua sendo uma peça central desse quebra-cabeça, e muitos outros países e atores não estatais em todas as regiões do mundo podem oferecer lideranças bastante necessárias. A COVID, infelizmente, nos afastou mais, porém ainda podemos esperar que as lições aprendidas com a pandemia guiem nossos primeiros passos em direção a um novo sistema internacional de resposta a crises baseado na necessidade de identificar perigos, criar acordos bem planejados e coordenar soluções antes que nossos problemas se tornem grandes demais para serem contidos.

Agora, uma previsão ousada — a Europa, os Estados Unidos, a China e outros países, instituições e pessoas *trabalharão* juntos nesses desafios comuns. Porém, essa dedicação será sólida, rápida e eficaz o bastante para construir o novo sistema internacional de que precisamos? A pandemia global deixou claro que as maiores ameaças do século XXI não dão a mínima para fronteiras. Uma abordagem de "cada nação por si" não nos ajudará a enfrentar os desafios descritos neste livro. A corrida para criar e distribuir uma vacina contra o coronavírus provou mais uma vez que pessoas inteligentes, comprometidas e com boa vontade podem resolver novos problemas em tempo recorde. A engenhosidade humana é abundante. Mas precisaremos de muito mais comprometimento, cooperação e coordenação do que a COVID foi capaz de criar.

O globalismo fracassou nas últimas quatro décadas, principalmente porque foi global apenas no nome. Nos países ricos, pessoas sem formação universitária perderam a possibilidade de construir uma vida segura de classe média com um emprego comum. Em países mais pobres, aqueles que não estavam se beneficiando da ascensão de uma nova classe média tiveram uma visão mais afortunada pela primeira e última vez na vida. A desigualdade atingiu novos patamares. Muitas pessoas em todos os países foram excluídas das recompensas históricas da globalização e vimos o resultado na fúria do público em todo o mundo, com o surgimento de populistas de próxima geração ansiosos a explorar essa ira. Nos próximos anos, mais pessoas questionarão se seus líderes serão capazes de ajudá-las a alcançar a segurança e a prosperidade que esperam de seus governos. Perguntarão se a vida será melhor para seus filhos. E é melhor que esses líderes tenham boas respostas.

A próxima década verá o confronto EUA-China, uma nova pandemia, mudanças climáticas descontroladas e tecnologias impactantes na vida das pessoas, cada uma dessas com capacidade de causar mais danos à nossa espécie do que qualquer outra crise na história. Mostrarei as ameaças representadas por esses fatos, e como elas mudarão o equilíbrio de poder no mundo, além de indicar soluções, muitas já mostradas pela história como mais viáveis do que pensamos. Trabalhando juntos e compartilhando a responsabilidade pelos perigos que pairam sobre todos nós, líderes mundiais europeus, chineses, norte-americanos, africanos, japoneses, indianos e de outras nações podem criar um novo sistema internacional eficiente para lidar com *todas* as crises globais.

Ronald Reagan fez a pergunta e Mikhail Gorbachev a respondeu. Diante de ameaças maiores que todos nós, seremos capazes de trabalhar juntos? “Com certeza”, disse o líder soviético.

Essa é a resposta certa.

CAPÍTULO 1

DUAS COLISÕES: NÓS CONTRA ELES, EM CASA E NO EXTERIOR

Para sobreviver às próximas crises, devemos evitar a ruína de duas relações: a que temos uns com os outros e a entre os EUA e a China.

Ronald Reagan e Mikhail Gorbachev compreenderam que nada melhor que o medo de uma ameaça em comum para inspirar cooperação. Mas, por enquanto, os norte-americanos, tanto de esquerda quanto de direita, ainda tratam uns aos outros como o maior obstáculo ao progresso do país, e os governos dos EUA e da China passaram os últimos anos discutindo sobre diferenças consideradas pelos dois lados como irreconciliáveis.

Antes de focarmos as crises que definirão nosso futuro coletivo, precisamos entender as forças mais prováveis de nos impedir de enfrentá-las.

ROTA DE COLISÃO 1: ESTADOS UNIDOS — UM PAÍS DISFUNCIONAL

Os Estados Unidos são uma nação cheia de contradições. Quando a COVID surgiu, os EUA lideraram o mundo em hospitalizações e mortes e, em seguida, estabeleceram recordes de rapidez na produção e distribuição de vacinas salvadoras. Em janeiro de 2021, a bolsa de valores do país subiu às alturas, mesmo com a invasão de uma multidão violenta ao Capitólio dos EUA em busca da alteração do resultado da eleição presidencial. Um mês depois, milhões de texanos sofreram dias sem eletricidade, aquecimento e água potável enquanto a agência espacial do país pousava uma espaçonave em Marte. A capacidade norte-americana para descobertas e inovações é incomparável; porém, a política da nação está devastada. Os Estados Unidos permanecem como o único país capaz de ter poder político, econômico, cultural e militar em todas as partes do mundo. E está em guerra consigo mesmo.

Por esses motivos, o primeiro grande desafio enfrentado pelos líderes e cidadãos da nação mais poderosa do mundo é saber como criar altos níveis de confiança e cooperação para ajudar o povo norte-americano, e os demais países, no enfrentamento dos testes globais críticos à frente.

No momento, os norte-americanos estão tudo, menos unidos. Um relatório do Pew Research Center publicado em outubro de 2019 revelou conclusões sombrias. Cerca de 78% dos entrevistados naquele país alegaram aumento nas divergências entre republicanos e democratas. Apenas 6% afirmaram haver uma diminuição nesse sentido. A maioria (55%) relatou uma "grande diferença" nas crenças dos dois partidos, cerca de um terço a mais do que em meados dos anos 2000. Surpreendentes 73% disseram que eleitores democratas e republicanos não discordam apenas em assuntos políticos, mas também em "fatos básicos" sobre os acontecimentos do país e do mundo. Apenas 17%

dos republicanos declararam que os democratas tinham algumas "boas ideias" e 13% dos democratas disseram o mesmo sobre os republicanos. Isso foi antes das eleições de 2020, da recusa de Donald Trump em admitir a derrota e de uma insurreição violenta no Capitólio dos EUA.

Na atualidade, a maioria dos eleitores democratas se autodenomina "liberal", o dobro da porcentagem de uma geração atrás. O número de republicanos se declarando "conservadores" aumentou de 58% para 73% no mesmo período. Os autodenominados independentes agora representam quase 40% da população total dos EUA, o dobro da porcentagem na década de 1950, porém esses eleitores não são necessariamente centristas. Em uma pesquisa da Gallup publicada em janeiro de 2021, menos da metade dos participantes se declaram como "moderados". A maioria dos independentes se identifica mais com um dos partidos.

Há também um componente geográfico no partidarismo norte-americano. Na eleição presidencial de 2020, os eleitores dos municípios mais populosos do país votaram em Joe Biden por uma margem de 29 pontos. Aqueles nos municípios com menor população escolheram Donald Trump com a vantagem de 35 pontos. Esses números foram maiores do que da candidata democrata Hillary Clinton e de Donald Trump na eleição de 2016. Uma pesquisa do YouGov, realizada em fevereiro de 2021, descobriu que 41% dos democratas não veem os republicanos como "oponentes políticos", mas como "inimigos", e 57% dos republicanos disseram o mesmo dos democratas, algo ainda mais desanimador para quem acredita em cooperação e comprometimento.

O rancor partidário é ainda mais extremo dentro do governo. Na década de 1980, mais políticos eleitos dos dois partidos podiam ser chamados de centristas e havia mais ideologias compartilhadas entre os congressistas. Hoje, quase não há consenso entre os republicanos mais liberais e os democratas mais conservadores. Além disso, o número de parlamentares que quase nunca votam igual aos membros do outro partido teve grande crescimento. Agora há mais divisão dentro do Congresso do que em qualquer outra época em mais de um século. Ou seja, menos espaço para acordos entre os parlamentares federais em todos os assuntos.

CONDUZINDO A DISFUNÇÃO

Há outra fonte importante de divisão: o aumento da distribuição de riquezas. A desigualdade de renda nos Estados Unidos atingiu o ponto mais alto desde a Era Dourada. Dentre os 38 membros da Organização para a Cooperação e Desenvolvimento Econômico (OCDE), apenas o Chile, a Turquia e o México têm uma diferença maior entre ricos e pobres que os Estados Unidos. Nos EUA, a renda média do 1% mais rico da população aumentou 226% de 1979 a 2016, enquanto a renda da classe trabalhadora e média permaneceu estável. O grupo formado pelos 10% norte-americanos mais ricos agora possui mais de 70% da riqueza do país. O 1% mais rico controla uma renda maior que os 50% mais pobres.

Muito já se escreveu sobre isso. A terceirização dos empregos no setor de manufatura e serviços em países de baixa renda reduziu os salários. Apenas cerca de 5% dos norte-americanos ainda desfrutam da vantagem das negociações coletivas oferecidas pelos sindicatos, abaixo dos 20% da década de 1980. O potencial de ganhos concedido por um diploma universitário está aumentando, embora o custo do ensino superior esteja fora do alcance para muitos norte-americanos. Famílias chefiadas por alguém com diploma universitário possuem o dobro da renda das sem diploma. E com máquinas inteligentes substituindo humanos da classe trabalhadora e gerencial no mercado de trabalho a taxas cada vez maiores — mais detalhes sobre esse assunto no Capítulo 4 —, o potencial das remunerações futuras para os menos afortunados está sob grande pressão.

O ESTILO DE CAPITALISMO NORTE-AMERICANO

Por dois séculos, as empresas norte-americanas geraram inovação, riqueza e crescimento econômico extraordinários. Há gerações, os empresários e líderes empreendedores mais bem-sucedidos do mundo têm sido desse país — muitos deles imigrantes e filhos de imigrantes que chegaram aos EUA em busca de oportunidades de negócios inexistentes em outros lugares. Essa tendência impulsionou a indústria norte-americana no século XIX, produzindo um notável acúmulo de poder no pós-guerra do século XX e permitindo o domínio prévio das empresas norte-americanas no setor tecnológico do século XXI.

A cultura capitalista da América reverencia os "espíritos animais" liberados pelas forças do mercado e o empreendedor como o epítome do individualismo autossuficiente. De acordo com um estudo de 2021, 68% dos eleitores de Biden e 61% dos eleitores de Trump, nas eleições de 2020, expressaram confiança em seus empregadores. Apenas 45% dos eleitores de Biden e 28% dos de Trump relataram o mesmo sobre "líderes governamentais". Os norte-americanos esperam que leis e eleitores imponham limites e contrapesos nos políticos e nas instituições políticas, porém muitos acreditam que o principal controle sobre empresários e empresas privadas deve vir do próprio livre mercado.

Essa veneração do setor privado permite a negligência com os trabalhadores norte-americanos cujos interesses nem sempre estão alinhados com os de seus empregadores. Alguns parlamentares eleitos, muitos republicanos, travam árduas batalhas para reduzir as taxas de impostos das empresas e dos cidadãos mais ricos, ao mesmo tempo em que alertam sobre os perigos do aumento do salário mínimo. As empresas podem negar a um número crescente de funcionários um plano de saúde e aposentadoria necessários para a segurança financeira presente e futura. Os órgãos reguladores costumam focar as necessidades do setor privado em vez de se preocupar com a saúde, a segurança e o bem-estar dos cidadãos comuns. E conforme a mudança tecnológica torna a mão de obra menos importante para o futuro do capitalismo, a desigualdade crônica de oportunidades se tornará uma fonte ainda maior de tensão política. A flexibilidade da economia dos EUA em resposta à pandemia sobrecarregou essas tendências e expôs grandes diferenças na rede de segurança social jamais vistas em outros países ricos.

Para agravar esses problemas, temos a crescente importância do dinheiro na política norte-americana. As campanhas políticas dos EUA ficaram mais caras desde os anos 1950, tornando as autoridades eleitas muito dependentes da boa vontade de pessoas e organizações dispostas a financiar suas carreiras. E essa tendência aumentou na última década quando uma decisão da Suprema Corte em 2010 liberou o investimento de quantias ilimitadas de dinheiro em eleições por empresas e grupos independentes. As eleições de 2020, para presidente e para as duas casas do Congresso, custaram cerca de US$14 bilhões, que é mais que o dobro do recorde anterior estabelecido em 2016. Grande parte desse dinheiro vem de indivíduos e empresas abastados que esperam um retorno desse investimento — um retorno favorável para grandes empresas e indivíduos ricos, muitas vezes à custa de toda a nação.

MÍDIA DESACREDITADA

Pequenos doadores ainda são uma fonte crucial de dinheiro nas campanhas e, para convencer esses investidores, os políticos precisam atrair e manter a atenção do público. Para conseguir uma base sólida de seguidores nas redes sociais, os influenciadores aprenderam a se destacar na multidão, muitas vezes chocando os espectadores para tornarem seus conteúdos virais. Na política atual dos EUA, os candidatos agem da mesma maneira. Em busca de quantias cada vez maiores de dinheiro, necessárias para competir por poder e influência, fazem declarações ultrajantes e assumem posicionamentos extremos para ficarem sob os holofotes. As tendências das mídias sociais lhes ensinaram que raiva atrai atenção, que atrai dinheiro, que atrai sucesso. A chamada guerra cultural da América começou muito antes do advento das redes sociais, mas essas novas ferramentas lhe proporcionaram uma nova energia e urgência.

De fato, nas últimas décadas, os norte-americanos perderam mais confiança na mídia tradicional do que em qualquer outra instituição. Hoje em dia, dezenas de milhões de norte-americanos recebem notícias nacionais e internacionais de fontes nas quais esperam confirmar a própria visão de mundo e inclinações políticas — e praticamente não há interação entre essas fontes de informação e aquelas procuradas por partidários com diferentes posicionamentos políticos. Apresentadores do canal de televisão MSNBC exibem aos espectadores de centro-esquerda notícias políticas sobre o último ultraje moral republicano e, em seguida, convocam os mesmos convidados da semana anterior para nos dizer como esses ultrajes são realmente ultrajantes. A Fox prega para um público conservador mais velho que quer acreditar que todo democrata é um perigoso extremista de esquerda. Essas mensagens verdadeiramente radicais vistas atualmente em canais de informação sensacionalistas e em plataformas como OANN, QAnon e 4chan começaram com a popularidade das inovadoras — cultural e comercialmente — conversas políticas pelo rádio e o crescimento dos noticiários da TV a cabo na década de 1980. Todas essas tendências começaram nos Estados Unidos. Na Europa, os órgãos reguladores valorizam mais a privacidade pessoal, há maiores restrições à liberdade de expressão e limites mais rígidos à influência das empresas de mídias sociais. No Japão, a grande mídia costuma ser menos politizada e os adultos passam pouco tempo nas redes sociais em comparação a norte-americanos e europeus.

Os algoritmos das redes sociais criaram um modelo de negócios impulsionado por dinheiro de publicidade, responsável por monetizar os dados pessoais dos cidadãos-consumidores. Como detalharei no Capítulo 4, isso adicionou bots online na corrente sanguínea da mídia para moldar a opinião pública, às vezes por meio de desinformações chamativas e distorções da realidade — aumentando a receita publicitária —, enquanto os consumidores se habituam ao choque e à indignação online.

RAÇA: O PASSADO ESTÁ PRESENTE

Não há fontes de indignação com raízes mais profundas na vida norte-americana do que o racismo estrutural e os esforços determinados de alguns para fingir sua inexistência. Quem descarta a importância da raça na vida norte-americana argumenta que a escravidão, a segregação e outras formas de discriminação não têm relação com eventos atuais. Porém, parafraseando William Faulkner, o racismo institucional não está morto. Nem está no passado.

Como parte do New Deal, criado pelo presidente Franklin Roosevelt na década de 1930, a recém-criada *Federal Housing Authority* (Secretaria Federal de Habitação) instituiu um processo de delimitação de bairros, criando fronteiras para dividir os moradores por raça e aumentar a separação entre cidadãos brancos e negros, mesmo em comunidades onde a segregação era ilegal. A impossibilidade dos afro-americanos conseguirem financiamentos imobiliários em bairros demarcados os impediu de acumular patrimônio e economias que seriam herdadas por suas gerações futuras. A *Social Security Act* (Lei do Seguro Social) de 1935 não dava cobertura para agricultores ou trabalhadores domésticos, duas categorias de trabalho formadas em grande parte por afro-americanos, deixando-os sem seguro-desemprego ou aposentadoria. Os afro-americanos também foram excluídos da *GI Bill* (Lei de Reajustes dos Militares), criada para fornecer a outros veteranos educação, empréstimos com juros baixos e outros benefícios. Veteranos negros impossibilitados de obter diplomas tinham pouca esperança de construir carreiras e poucos recursos financeiros a serem herdados por gerações futuras. Esses são alguns dos motivos pelos quais, apesar de toda a discussão sobre uma crescente classe média negra nos Estados Unidos, a renda média anual de uma família branca era de US$171.000 em 2016 e de apenas US$17.600 para uma família negra. A discriminação racial não se limitava apenas aos afro-americanos. Mulheres imigrantes de origem asiática não podiam votar até obterem a cidadania norte-americana, o que só aconteceu em 1952.

Apesar dessas desvantagens institucionalizadas, graças a alguns esforços como o movimento pelos direitos civis, ações afirmativas e um dos sistemas de imigração mais permissivos do mundo, foi possível criar oportunidades sem precedentes para pessoas não brancas. Os Estados Unidos são a única nação de maioria branca do mundo a eleger e reeleger um chefe negro de Estado. Além disso, a diversidade racial do país cresceu — há previsões de que a população dos EUA se tornará de maioria não branca em meados de 2045.

Porém, o Partido Republicano, agora financiado e apoiado majoritariamente por norte-americanos brancos, encontrou maneiras de reescrever a legislação eleitoral para conter o rumo da história. Leis municipais destinadas a dificultar o voto de cidadãos negros, uma tendência norte-americana com um longo histórico, continuam a ser aprovadas em dezenas de estados dos EUA. De modo geral, muitos afro-americanos são obrigados a provar a importância de suas vidas ao se depararem com injustiças todos os dias. Quando o crack devastou comunidades negras urbanas na década de 1980 e início dos anos 1990, muitos integrantes do governo e da mídia trataram o problema como uma onda de criminalidade. Quando o foco se voltou para os norte-americanos brancos viciados em opioides e outros medicamentos prescritos, a tendência foi tratada como tragédia. Norte-americanos brancos também não veem os assassinatos de negros suspeitos de pequenos delitos por policiais brancos da mesma forma que os negros veem. E à medida que a raiva pela injustiça cresce de um lado, o ressentimento alimentado pela mídia partidária e a desinformação online impulsionam o lado político do outro.

Outros fatores também impulsionam a divisão e disfunção nos EUA, mas acredito que esses sejam os mais influentes e duradouros. E essas tendências — captação corporativa da política; influência dominante do dinheiro na política dos EUA; desigualdade financeira e de oportunidades criadas por tais fenômenos; poder da nova mídia cada vez mais engajada em comercializar suspeitas, pavor e raiva, além dos efeitos corrosivos de longo prazo do racismo institucionalizado — continuam todas em ritmo acelerado.

SOLUÇÕES

Democratas e republicanos podem mostrar ao povo norte-americano que compreendem as forças responsáveis por remodelar as economias em todos os lugares e podem garantir que todo trabalhador desse país tenha uma chance razoável de alcançar sucesso num mundo em constante mudança. Podem investir em um sistema de educação universal e vitalício, proporcionando o proveito da maior parcela possível de talento humano para construir a força de trabalho mais inovadora do mundo. Aceitar as mudanças do mercado de trabalho e criar benefícios flexíveis, saudáveis e focados na qualidade de vida para lucrar com a expansão contínua da economia com trabalhadores temporários. Responsabilizar as empresas donas de mídias sociais pelas desinformações e notícias falsas publicadas em suas plataformas. Os apoiadores corporativos e individuais do *Public Broadcast System* (Sistema de Transmissão Pública de Televisão) e da *National Public Radio* (Rádio Pública

Nacional) poderiam financiar redes sociais públicas apartidárias para fornecer outras fontes de informação com conteúdo fora da estrutura de competição do mercado de mídia tradicional. Concordar com um conjunto de regras para evitar as formas mais notórias de manipulação partidária dos dois lados. Testar a votação por classificação nas eleições municipais para minimizar a polarização extrema. Desafiar os políticos a falar com eleitores que não sejam seus apoiadores tradicionais. Experimentar várias formas de renda básica universal em algumas regiões, e ser honesto ao avaliar os resultados positivos e negativos.

Não sou ingênuo a ponto de acreditar que a maioria dos políticos norte-americanos apoiará qualquer uma dessas ideias, mas os cinquenta estados e governos municipais dos EUA sempre serviram como laboratórios da democracia. Algumas de suas invenções prejudicaram a democracia e a coesão nacional, mas outras fizeram a nação avançar. Estados como Califórnia, Flórida, Illinois e Massachusetts — com dois governadores republicanos e dois democratas, e um total de mais de 70 milhões de habitantes — estão prestes a conseguir um salário mínimo de US$15 por hora nos próximos anos independentemente da posição do Congresso sobre esse assunto. A cidade de Nova York já atingiu esse feito. E a maior metrópole do país também realizou sua primeira eleição para prefeito usando a votação por classificação em 2021 — uma excelente referência para outros municípios e estados.

Lembremos também como o Obamacare, o plano para expandir a cobertura de saúde pública para milhões de norte-americanos, tornou-se mais popular após os democratas conseguirem votos para aprová-lo no Congresso, e o público ter visto os benefícios por conta própria.

De modo geral, as duas partes reconhecem o poder de apelar para as "famílias trabalhadoras". Os democratas fazem apelos econômicos ao individualismo desse grupo enquanto os republicanos fazem apelos culturais à solidariedade comunitária. Mas ambas as partes compartilham o interesse em encontrar maneiras de fortalecer os Estados

Unidos fortalecendo os cidadãos da classe trabalhadora. Todos esses experimentos podem ajudar a atender às necessidades de todos os envolvidos. Além disso, democratas e republicanos devem aprender uma lição crucial ensinada pela desigualdade criada na globalização *laissez-faire* ou sem intervenção estatal: a política externa dos EUA não apenas deve atender às necessidades dos norte-americanos da classe trabalhadora, mas esses cidadãos também precisam ver e entender tais benefícios.

Os norte-americanos e a economia dos EUA se recuperaram melhor e mais rápido da pandemia do que outras economias industriais avançadas, principalmente graças à cultura empresarial do país; à regulamentação pró-negócios; ao aumento das despesas do governo; e à disposição de manter as taxas de juros baixas. O alívio imediato proporcionado por estímulos massivos convencerá pessoas poderosas e muitos norte-americanos comuns de que a crise acabou e a vida pode voltar ao normal. Infelizmente, esse sentimento de normalidade é o maior obstáculo à mudança enfrentada pela América nesse momento, pois o alívio permite complacência sem abordar nenhum dos maiores problemas descritos acima.

Em um país politicamente descentralizado como os Estados Unidos, governos estaduais e municipais, em parceria com líderes corporativos e filantrópicos com ideias semelhantes, podem fazer mais para ajudar os mais prejudicados pela pandemia e combinar uma cultura empresarial inovadora com uma cultura política mais inovadora. A disfunção política gera raiva em todos os lados e aumenta o risco de políticos populistas incompetentes, mais interessados em desmantelar o governo do que em consertá-lo, ganharem novos seguidores.

Enfrentar os desafios globais detalhados nos próximos capítulos exigirá liderança. Parte disso deve vir da única superpotência do mundo. A política disfuncional dos Estados Unidos prejudica a capacidade da nação de fornecer liderança de duas maneiras. Primeiro, torna impossível sustentar um investimento de longo prazo em soluções para problemas complexos. O presidente Barack Obama comprometeu os Estados Unidos com um tratado nuclear com o Irã e com o acordo climático de Paris. Depois de eleito, Donald Trump cumpriu sua promessa de campanha de se retirar de ambos. Ele tirou o apoio dos EUA à Organização Mundial da Saúde durante a pior pandemia em cem anos. Quando Joe Biden foi eleito, ele restaurou os acordos da era Obama e reverteu a ordem de Trump referente à OMS. Caso Donald Trump, ou um aliado, seja eleito em 2024, essas decisões serão revertidas novamente. Durante a Guerra Fria, a maioria dos conservadores e dos liberais concordava que a União Soviética representava a principal ameaça à paz mundial e aos valores norte-americanos. Presidentes democratas e republicanos estavam comprometidos com uma estratégia consistente de contenção. Na política norte-americana atual, não há consenso sobre nada.

O segundo problema é que o primeiro problema não é nenhum segredo. Todo aliado e rival norte-americano sabe que o voto solene de hoje pode ser destruído amanhã. Democracias como Japão, Coreia do Sul, Índia e Austrália têm noção de que o compromisso da China com uma política externa cada vez mais assertiva é muito mais previsível que qualquer resposta de longo prazo dos EUA. Aliados da Europa e do Oriente Médio também compreendem essa situação. Como alguém pode esperar que os Estados Unidos combatam as constantes ameaças globais como doenças infecciosas, mudanças climáticas e novas tecnologias disruptivas quando outro mergulho de cabeça na ideologia "Estados Unidos em primeiro lugar" pode acontecer logo mais?

Assim como os líderes internacionais devem encontrar maneiras de cooperar nas questões mais importantes, mesmo enquanto competem em todos os outros assuntos, os conservadores e progressistas dos Estados Unidos devem aprender a cooperar o suficiente para renovar a força do país. Nenhum lado eliminará o outro. Ambos refletem correntes profundas da vida norte-americana. Não precisam concordar em tudo. Mas precisam concordar em alguns assuntos importantes.

Um dos mais importantes é construir uma parceria pragmática com Pequim para evitar um confronto no estilo da Guerra Fria que os Estados Unidos, a China e o mundo não poderão suportar.

ROTA DE COLISÃO 2: AMÉRICA E CHINA

Um sorridente Xi Jinping acenou para agradecer os calorosos aplausos recebidos ao subir no palco para iniciar o discurso mais esperado do Fórum Econômico Mundial de 2017. Era a primeira aparição de um presidente chinês em Davos e a multidão, geralmente cansada, composta principalmente pela elite política e empresarial do mundo capitalista, estava ansiosa para ouvir o discurso de Xi. Nos minutos seguintes, ele nos disse que havia chegado a hora de a China mudar a história. Dois anos antes, Xi havia revelado seu *"Made in China 2025"*, um plano de supremacia global envolvendo IA, computação quântica, robótica e outros setores tecnológicos. Em 1990, o então líder Deng Xiaoping advertiu que a China seria sensata em "esconder sua força e aguardar a época certa". Mas, naquela manhã de janeiro de 2017 em Davos, Xi deixou claro que a China estava farta de se esconder e esperar.

"Foi o melhor dos tempos. Foi o pior dos tempos", disse Xi. A citação de Charles Dickens com certeza pretendia atrair a atenção dos ouvintes. Ele explicou por que a China foi sensata em seguir uma estratégia de desenvolvimento econômico estabelecida pelo Estado na qual as corporações chinesas eram mais importantes que as multinacionais. Mas as manchetes do evento foram sobre sua defesa contundente e enérgica do globalismo, a visão de que a interdependência entre as nações fortalece a todos nós. Ele condenou o populismo e o protecionismo, pontos ainda mais impressionantes ao levarmos em consideração as entrelinhas: o outro grande evento daquela semana, ocorrido três dias depois, seria a posse do famoso antiglobalista Donald Trump.

Avance nove meses para outro palco e discurso de Xi, desta vez no 19º Congresso Nacional do Partido Comunista da China. Nesse evento, ele foi mais longe ao detalhar sua visão para o futuro da China. Ele anunciou "uma nova era" para seu país e seu povo na qual a China pretendia se aproximar "do centro do palco" na política global. Apresentou a China como "uma nova opção para outros países", uma alternativa à democracia ocidental, e delineou o que chamou de "solução chinesa" para os problemas mundiais.

Sob a liderança de Xi, a China passou de pressionar pela reforma do atual sistema internacional para ajudar na orientação dessa reforma, e, por fim, a fazer planos para liderá-la. Seus líderes têm a intenção de que a China domine o Leste Asiático, em parte reforçando o controle político em Hong Kong, pressionando Taiwan a parar de resistir à pressão de Pequim pela unificação com o continente e metodicamente construindo uma força militar no Mar da China Meridional.

Em todos os outros aspectos, Xi quer transformar a China em uma potência econômica indispensável, com toda a influência política que vem com essa função. Em 2016, a China criou o Banco Asiático de Investimento em Infraestrutura (AIIB) para investir em outros países. O país aderiu à Parceria Econômica Regional Abrangente (RCEP), uma enorme zona de livre comércio composta por várias nações. A Iniciativa do Cinturão e Rota (BRI) está construindo estradas, ferrovias, pontes e portos na Ásia, na África e na Europa. A BRI está criando novas oportunidades em dezenas de países para empresas e trabalhadores chineses e fortalecerá a influência da China nesses governos. A crescente influência de Pequim no comércio, investimento, crédito e nas cadeias de suprimentos está transformando a China no definidor de padrões mundiais em desenvolvimento de novas tecnologias.

A COVID-19 criou novas oportunidades para a China. Seu sistema político autoritário apoiado por vigilância e outros controles tecnológicos e sociais, além da intervenção direta do Estado na economia, fizeram da China a primeira a sair da recessão em 2020. À medida que a pandemia forçou ondas de inadimplência e falência de governos e empresas em países mais pobres, Pequim se viu com uma incrível possibilidade de comprar ativos subitamente mais baratos: terras agrícolas, combustíveis fósseis, minerais, recursos energéticos e infraestruturas como rodovias, pontes e portos. E, enquanto os norte-americanos discutiam sobre como medir e reagir à ameaça do coronavírus, e o direito do governo de impor bloqueios para contê-la, foi Pequim, não Washington, que ofereceu equipamentos, dinheiro e conselhos aos países mais afetados.

A maioria dos produtos fornecidos pela China era de péssima qualidade causando uma reação negativa principalmente na Europa. Além disso, os especialistas concordam que o vírus começou na China e as autoridades de lá pioraram muito as coisas para outros países ao ocultarem o verdadeiro tamanho da ameaça durante o período em que as infecções poderiam ter sido contidas.

Pode parecer que o crescente poder da China é o resultado inevitável da determinação do presidente Trump em retirar os EUA da liderança global. Porém, essa mudança começou há décadas, com a ascensão da China de uma nação pobre para uma potência econômica. Esse processo continuou com a decisão do presidente Carter de normalizar as relações políticas com Pequim em 1979 e aumentou com o esforço do presidente Bill Clinton para regularizar as relações econômicas com a China ao trazê-la para a Organização Mundial do Comércio em 2001. Porém, a notável consolidação de poder de Xi Jinping na China e suas grandes ambições para o papel central da nação no sistema internacional começaram em 2012 e aumentarão o ritmo quando o país se tornar a maior economia do mundo. Foi Xi Jinping, não um presidente norte-americano, quem colocou as relações entre EUA e China em um caminho mais conflitante.

A China é a casa de 1,4 bilhão de pessoas e tem uma economia de renda média, um feito inigualável. Acrescente a capacidade do governo chinês de investir grandes quantias em projetos de construção — no próprio país e no exterior — alinhados às prioridades nacionais do Estado. Outro fato importante: apenas a China tem uma estratégia global de longo prazo que continuará em execução enquanto presidentes norte-americanos e líderes europeus entram e saem do comando. Nenhum de nós jamais viveu em um mundo onde a maior economia do mundo é governada por autoritários. Porém, estamos nos encaminhando para esse destino. E esse cenário coloca as duas nações mais poderosas do mundo — Estados Unidos e China — em rota de colisão.

Além da política de hoje, da economia do amanhã e de um risco crescente de novas formas de guerra — como se essas questões já não fossem muito complicadas — a relação entre EUA e China também é crucial para a paz e a prosperidade global de várias maneiras. Caso os governos mundiais cheguem a um acordo satisfatório sobre como enfrentar os desafios históricos descritos nos capítulos seguintes, será porque os líderes políticos dos Estados Unidos e da China, com o apoio de seus cidadãos, terão construído o que o antigo CEO do Google, Eric Schmidt, chamou de “rivalidade amigável”. Os dois terão encontrado algo em comum para cooperar e investir em um futuro seguro e próspero para ambos.

Os EUA e a China não se tornarão aliados tão cedo. Mas caso conseguiam se tornar parceiros no enfrentamento das ameaças globais à saúde humana, das mudanças climáticas e das novas tecnologias disruptivas, finalmente teremos a governança jamais proporcionada pela globalização. Os dois países terão criado a base para um novo sistema internacional usando as melhores ideias da Europa, do Japão, da Índia e de outras nações para construir um futuro próspero para todos nós.

Mas, por enquanto, a relação entre EUA e China está indo na direção oposta. Muitos em Washington, e em todo o país, veem a ascensão da China da mesma forma que seus avós viram o lançamento do Sputnik, o primeiro satélite artificial do mundo, pela União Soviética, como um mau presságio do declínio norte-americano e uma ameaça ao futuro do país. Muitos em Pequim, e em toda a China, veem a resistência dos EUA ao progresso chinês como uma tentativa desajeitada de proteger os privilégios ocidentais ao impedir o crescimento do país asiático, e estão determinados a superar essa resistência. A relação entre EUA e China está piorando e, enquanto os Estados Unidos são de longe a mais disfuncional e politicamente dividida das democracias avançadas do mundo, a China é de longe o mais coeso e funcional dos grandes regimes autoritários do mundo. Isso aumenta a dificuldade de melhorar as relações entre EUA e China nos termos norte-americanos e a urgência de evitar um confronto destrutivo e caro.

A ASCENSÃO DA CHINA

A ascensão da China, uma das realizações mais notáveis da história, tornou-se um dos fatos mais conhecidos do mundo e os números dessa jornada são surpreendentes. Entre 1990 e 2018, quando a participação dos EUA na economia global teve uma pequena queda de 26,4% para 23,9%, a participação da China cresceu de 1,6% para 15,8% conforme centenas de milhões de chineses saíam da pobreza e entravam na classe média.

Agora, a China comunista é líder mundial em comércio. Na geração passada, mais de 80% dos países do mundo negociavam mais com os EUA do que com a China. Em 2018, a China foi o maior parceiro comercial de 128 das 190 nações do mundo. Além disso, ela possui recursos valiosos dentro de suas fronteiras, incluindo imensas reservas de vários materiais estrategicamente valiosos, como minérios raros, incluindo minerais usados na fabricação de armas e veículos. Sim, qualquer coisa multiplicada por 1,4 bilhão de pessoas resultará em um grande número, mas o sucesso da China não se trata apenas de quantidade; o país também se tornou especialista em inovações. Em 1999, a Organização Mundial da Propriedade Intelectual recebeu 276 pedidos de patentes da China. Em 2019, esse número aumentou para quase 59 mil. A China também se tornou líder em assumir algumas responsabilidades internacionais que acompanham um grande poder. Desde 2012, o país contribuiu com mais tropas de manutenção da paz da ONU do que os Estados Unidos, Grã-Bretanha, França e Rússia, os outros quatro membros permanentes do Conselho de Segurança das Nações Unidas, juntos.

Centenas de outros números revelam a ascensão da China, uma fonte de profundo orgulho para seus cidadãos. Os líderes do país ganharam crédito com a população, não apenas porque o governo os alimenta com propaganda e domina o fluxo de informações dentro e fora do país, mas porque o partido comunista transformou a vida de centenas de milhões de chineses.

A ascensão contínua da China não é garantida. Xi Jinping consolidou mais poder dentro do sistema que qualquer líder desde Mao, em parte expurgando potenciais rivais. Porém, há uma desvantagem nesse cenário. Caso esse governo não consiga garantir uma prosperidade com um crescimento constante e não possa proteger o povo chinês das crises, será mais difícil culpar os outros. A raiva pública pode se tornar um problema. Será mais difícil de alcançar o crescimento econômico conforme a China se torna mais dependente da inovação e do progresso de um setor privado que Xi espera alinhar com as metas de desenvolvimento do Partido Comunista.

Será mais difícil conseguir um emprego, pois os salários crescentes tornam a China um destino nada atraente para a terceirização e ainda temos o aumento da automatização da produção. Muitas das maiores empresas chinesas têm dívidas e Pequim nunca provou estar disposta a permitir inadimplências desestabilizadoras em curto prazo — tirando o emprego das pessoas e alienando investidores —, mas cruciais para a saúde financeira em longo prazo. Relações comerciais cada vez mais combativas com os Estados Unidos e algumas áreas da Europa também atrasarão a expansão da China. A nação precisará de uma rede de segurança social mais forte conforme a população envelhece: é esperado que a parcela da população com mais de 65 anos salte de 13,5% para quase o dobro até 2030. E o risco de uma crise financeira na China está aumentando à medida que a necessidade de sustentar bancos falidos e um setor imobiliário em dificuldades, injetando dinheiro em empresas estatais mal administradas, desencadeia uma onda de falências acompanhada por demissões que sobrecarregam ainda mais a rede de segurança. Tudo isso pode acontecer na próxima década.

Mas os líderes chineses gerenciam essas ameaças há décadas. Por enquanto, sua influência internacional provavelmente continuará a crescer, em parte porque mais pessoas ao redor do mundo não consideram mais o domínio global dos Estados Unidos como a melhor alternativa. Hoje em dia, poucos norte-americanos exigem que seus líderes eleitos lutem pela democracia e liberdade individual longe do território dos EUA. A maioria dos norte-americanos quer que o presidente Biden e o Congresso se concentrem em problemas nacionais como a recuperação econômica, o acesso à saúde, a criação de empregos, a política de armas, a educação, a segurança nas fronteiras, a proteção contra o terrorismo e as relações raciais.

Além disso, é mais difícil para Washington apoiar reformas democráticas em outros países quando as eleições nos EUA são um tema de intensa disputa. Como Washington pode condenar os abusos dos direitos humanos em outros países com casos frequentes de afro-americanos sendo brutalizados por policiais irresponsáveis e imigrantes sendo tratados como criminosos? Como os norte-americanos podem promover o livre comércio quando políticos dos dois principais partidos do país afirmam que o livre comércio causa desemprego? Como Washington pode liderar coalizões formadas por aliados com ideias semelhantes quando o ex-presidente os acusou publicamente de abusar dos contribuintes norte-americanos?

O conceito de "Ocidente" ainda tem muita força. Acordos comerciais com regras para proteger o livre mercado continuam sendo assinados. A OTAN poderia ser expandida para incluir membros da região Ásia-Pacífico, dando à organização o primeiro mandato verdadeiramente global. Mas a China está oferecendo modelos alternativos de desenvolvimento que atraem muito interesse em todo o mundo e divergências públicas entre seus líderes são raras. Então, quando a China se aproxima do governo de países denominados pelo presidente Trump de "lugar de merda" com uma oferta para impulsionar o crescimento econômico e melhorar os padrões de vida, substituindo a infraestrutura em ruínas por estradas, pontes, hospitais e portos modernos — sem pedir as dolorosas reformas econômicas frequentemente exigidas pelos credores ocidentais — muitos aceitam. Outros seguirão o exemplo.

Alguns países, no entanto, estão cada vez mais preocupados com a ascensão chinesa, especialmente aliados tradicionais dos EUA como o Japão, a Coreia do Sul, as Filipinas e a Austrália. Esses países querem que os EUA continuem oferecendo uma verdadeira alternativa à China. Querem proteção militar dos EUA para não criarem uma dependência perigosa das lucrativas relações econômicas com a China e empresas chinesas, muitas delas estatais. Para muitos desses países, o Acordo de Associação Transpacífico (TPP), originalmente um bloco de doze nações liderado pelos EUA e projetado para formar uma das maiores zonas de livre comércio da história, era especialmente atraente. O presidente Obama comprometeu os EUA a concluir esse acordo, mas não conseguiu, e quando Hillary Clinton, que uma vez se referiu ao TPP como o "modelo de excelência entre os acordos comerciais", recuou do acordo durante sua candidatura à presidência em 2016, muitos dos vizinhos da China questionaram se os norte-americanos de ambos os partidos haviam desistido do comércio e de sua região. Então, três dias depois de Donald Trump se tornar presidente, ele se retirou das negociações do TPP. Sob a liderança do Japão, uma versão menor do acordo foi adiante, mas as dúvidas sobre o compromisso em longo prazo dos EUA de permanecer como um poderoso intermediário na Ásia aumentaram. Os norte-americanos, caso estivessem prestando atenção, poderiam ouvir os aplausos em Pequim. A China veio para ficar, prometeram seus líderes. Ninguém de Washington foi encontrado para comentar.

Os Estados Unidos ainda têm muito a oferecer — localização geográfica favorável, um aumento histórico na produção de energia e os privilégios que acompanham o domínio contínuo do dólar americano como moeda de reserva mundial. Mas algumas vantagens tradicionais, especialmente aquelas relacionadas ao poder militar, não têm mais a mesma importância de antes. Os EUA possuem tratados de defesa com dezenas de países enquanto o único aliado militar da China é a Coreia do Norte, em parte graças a seus onze porta-aviões movidos a energia nuclear com espaço para oitenta aviões de combate cada, e além disso, os EUA ainda são o único país capaz de projetar poder militar convencional em qualquer lugar do mundo. A China tem apenas dois porta-aviões prontos para combate, ambos menores que os dos norte-americanos. Os EUA têm bases militares em quarenta países e a China apenas em três. O alcance do Exército de Libertação Popular está limitado quase inteiramente ao leste e sudeste da Ásia e o país não desenvolveu um arsenal nuclear grande o suficiente para competir com os dos Estados Unidos e da Rússia.

Mas esse desequilíbrio militar não oferece tanta estabilidade para construir uma "rivalidade amigável" como costumava, pois qualquer guerra futura entre grandes potências não será vencida por porta-aviões, tanques ou soldados. É mais provável ser decidida pela superioridade de armas cibernéticas e a capacidade de exercer poder por meio de oportunidades e restrições de comércio e investimento. Armas cibernéticas são excelentes niveladores de poder. O resultado desse tipo de guerra será mais imprevisível do que as guerras do passado. O arsenal cibernético de uma nação não pode ser fotografado do espaço como silos de mísseis, bases militares, navios de guerra ou outros equipamentos de combate. É impossível quantificar o verdadeiro equilíbrio de poder cibernético, pelo menos em comparação à potência de um arsenal físico, pois as capacidades cibernéticas ofensivas e defensivas são menos compreendidas e mudam rapidamente. A história nos mostra que, quando o equilíbrio de poder não é claro, os conflitos se tornam mais prováveis.

A ARMADILHA EMERGENTE

Vinte e quatro séculos atrás, o historiador ateniense Tucídides fez uma observação muitas vezes usada em discussões sobre a relação atual entre EUA e China: a potência emergente Atenas provocou medo no poder consagrado de Esparta, tornando a guerra entre elas inevitável. Essa ideologia de que campeão e desafiante estão fadados ao confronto é conhecida como Armadilha de Tucídides e, embora as comparações de diferentes dinâmicas de poder em diferentes momentos da história possam ser ilusórias, a lógica de Tucídides soa realista no século XXI.

Há pavor nos dois lados. Os gestores de políticas públicas dos EUA temem a possibilidade de a China reescrever as regras responsáveis pela criação e proteção do domínio norte-americano no mundo pós-Guerra Fria e de essas regras chinesas prejudicarem o apelo global da democracia e da liberdade individual. Muitos chineses temem a determinação dos EUA em conter o crescimento natural da China para proteger as próprias vantagens do poder e impedi-la de atingir seu potencial legítimo em um mundo dominado pelos norte-americanos. *Houve* uma mudança acentuada no equilíbrio de poder entre campeão e desafiante nos últimos quinze anos. Afinal, a Guerra do Peloponeso entre Atenas e Esparta terminou com a vitória dos espartanos, mas com consequências destrutivas para os dois lados.

Porém, nas últimas décadas, também houve uma crescente interdependência unindo China e Estados Unidos. A ascensão da China criou oportunidades históricas lucrativas para empresas norte-americanas, primeiro como fonte de mão de obra barata, e depois como um enorme mercado consumidor de produtos fabricados nos EUA. No final de 2019, havia cerca de 70 mil empresas norte-americanas com rendimentos de centenas de bilhões de dólares na China. Os chineses, por sua vez, se beneficiaram da estabilidade criada pelo sistema internacional liderado pelos EUA para aumentar sua economia e expandir sua influência no exterior. O país asiático tem sido um credor de vital importância para o governo dos EUA por meio da compra de títulos do tesouro do país norte-americano. Com certeza, um dos maiores símbolo da interdependência entre os EUA e a China são as cadeias de suprimentos conectando as duas economias.

No entanto, a apreensão norte-americana, acompanhada pelo medo inspirado no enorme sucesso chinês, levou os gestores de políticas públicas dos EUA a questionarem os métodos usados pela China para garantir esse sucesso duradouro. Existem três principais reclamações comerciais dos EUA: a intenção do governo da China em não abrir espaço para empresas estrangeiras; o grande subsídio dado às empresas chinesas, proporcionando-lhes uma vantagem injusta sobre os concorrentes estrangeiros; e o confisco da propriedade intelectual de empresas estrangeiras, forçando-as a compartilhar informações em troca de acesso a consumidores chineses ou simplesmente roubando esses dados. Considerando que as novas tecnologias estão transformando rapidamente a economia global e, com ela, o equilíbrio de poder, os EUA e outros países alertaram a China de que não serão mais tolerados roubos em larga escala de propriedade intelectual, perpetrados por empresas chinesas e facilitados pelo governo. Nos Estados Unidos, esse alerta tem o apoio de democratas e republicanos, sem mencionar o aumento do interesse corporativo e do público. A maioria desses últimos não acredita mais que os benefícios de fazer negócios e investimentos na China superem as desvantagens.

Donald Trump foi o primeiro presidente desde Lyndon Johnson a rejeitar uma abordagem de "aliança em primeiro lugar" com a China. O que começou em março de 2018 com a ação dos EUA contra aço e alumínio importados da China se transformou em centenas de bilhões de dólares em tarifas sobre uma ampla gama de produtos chineses. A China respondeu na mesma moeda. Cada governo já tinha incentivos políticos poderosos para "pegar pesado" com o outro lado em todas as disputas. A guerra comercial aumentou esses incentivos e mostrou aos dois governos que décadas de aprofundamento da integração econômica criaram vulnerabilidades suscetíveis de serem exploradas pelo adversário. Essa percepção criou novos estímulos para a separação. Agora, os EUA e a China estão "se dissociando" ao procurar vários meios de reduzir a dependência econômica, financeira e tecnológica entre os dois. Essa relação está se deteriorando em quase todos os aspectos, tornando mais difícil para os dois encontrarem um denominador comum quando mais precisam — para o bem deles e do mundo.

A China ainda precisa de acesso aos investimentos, tecnologias e consumidores norte-americanos. Os Estados Unidos ainda têm uma grande vantagem em força militar para impedir o domínio da China sobre o leste e sudeste da Ásia e forçar os aliados dos EUA a seguir a liderança chinesa. Porém, até 2030, data prevista para a China ultrapassar os EUA como a maior economia do mundo, as vantagens dos EUA terão diminuído significativamente e os futuros presidentes norte-americanos terão que ser mais flexíveis e criativos nas negociações com Xi Jinping ou seu sucessor.

Quando a guerra comercial começou, Xi e Trump tiveram bons motivos para mostrar ao próprio povo que não tinham medo do confronto. Logo em seguida, a COVID-19 forneceu novos incentivos para uma abordagem dura. Quando a COVID começou a matar um grande número de norte-americanos, Trump tentou desviar as críticas de sua resposta incoerente ao culpar a China por mentir sobre as origens do vírus. E Trump estava certo: nos primeiros dias de propagação do vírus, o governo chinês iniciou um grande acobertamento para proteger a própria reputação. Notícias sobre o vírus foram censuradas, o primeiro médico a falar publicamente sobre os perigos da doença foi punido, jornalistas estrangeiros foram expulsos do país após publicarem sobre a doença, informações importantes foram escondidas da Organização Mundial da Saúde e de médicos e cientistas estrangeiros, além de permitirem que milhões de chineses, muitos deles infectados, viajassem pela China e para o exterior sem nenhum tipo de controle. Essas falhas e enganos tornaram a COVID, até então um problema chinês, em uma pandemia global.

Mas essa realidade amplamente aceita não forçou um recuo chinês, afinal a China era a segunda maior economia do mundo e a caminho de ser a número um. Também era uma parte crítica da cadeia de abastecimento global, naquele momento desesperada por diversos suprimentos, principalmente médicos. A China foi a primeira nação a recuperar sua economia e iniciou uma ofensiva internacional fascinante. Enquanto Trump lançava insultos pessoais a repórteres e oferecia curas charlatãs para o vírus, Xi Jinping estava em turnê por Wuhan divulgando o sucesso da quarentena e exigindo às autoridades locais um "pedido de desculpas solene" àquele médico, agora tratado como herói nas redes sociais chinesas após morrer durante o combate contra a COVID. Depois, a China enviou conselheiros médicos, ajuda humanitária e muitos equipamentos médicos para a Itália, a terceira maior economia da União Europeia (UE) e o primeiro país da UE a se juntar à Iniciativa do Cinturão e Rota. Mais médicos e equipamentos chineses foram enviados à Espanha. Na prática, era a "nova opção para outros países" anunciada por Xi Jinping em 2017.

Na verdade, a China se tornou mais do que apenas uma "opção", porque o governo de Trump tinha poucas respostas a oferecer ao mundo. Foram-se aqueles tempos, como em 2004, quando um tsunami devastou a Indonésia, e os EUA rapidamente enviaram tropas de ajuda humanitária, o Japão contribuiu com dinheiro e suprimentos médicos, e governos e empresas europeias se voluntariaram para ajudar, enquanto a China não contribuiu em praticamente nada. Em 2020, enquanto a COVID matava europeus, norte-americanos e muitos outros, a China enxergou um espaço que os EUA e seus aliados não pareciam mais dispostos ou capazes de ocupar e mergulharam de cabeça nessa oportunidade.

A estratégia funcionou. Em junho de 2020, um estudo realizado pelo Conselho Europeu de Relações Exteriores descobriu que a experiência da COVID-19 piorou a opinião do público europeu em relação aos Estados Unidos. Também constatou-se que, quando questionados sobre quem consideravam o aliado mais útil no combate ao coronavírus, apenas 4% dos italianos citaram a UE enquanto 25% citaram a China. A China recebeu sua parcela de críticas em 2020 sobre a política opressiva em Hong Kong, sobre várias violações de direitos humanos na região de Xinjiang e a má qualidade de alguns dos suprimentos de emergência distribuídos. Porém, a determinação do país em estabelecer a "nova era" de Xi na política internacional estava sob os holofotes como uma verdadeira liderança durante uma crise global — uma exposição diferente de todas já tentadas por Pequim.

Durante os piores dias da pandemia, a relação entre EUA e China atingiu o pior patamar em décadas. Enquanto Donald Trump culpava a China pelo que ele chamava de "kung flu"[1], as autoridades chinesas encorajavam boatos de que um soldado dos EUA havia trazido o

---

[1] "Flu" é gripe em inglês, ou seja, esse é um trocadilho com a arte marcial chinesa kung fu, sendo uma forma depreciativa de referir-se a uma doença de sintomas gripais, detectada inicialmente na China. [N. da R.]

coronavírus para Wuhan. Também impulsionaram um aumento acentuado no conteúdo anti-EUA mais amplo na mídia chinesa. Em particular, muitas histórias surgiram nas redes sociais em 2020, destacando a resposta incompetente dos norte-americanos ao vírus, principalmente em comparação com o lockdown impressionante e eficaz comandado pelo governo chinês. Ao mesmo tempo, a mídia estatal divulgava a história do empresário chinês Jack Ma oferecendo 500 mil kits de teste de COVID aos EUA.

Do outro lado do Pacífico, as atitudes pioraram nos EUA. Em uma pesquisa do Pew Research realizada em março de 2020, 66% dos norte-americanos expressaram uma visão desfavorável da China, um salto de 20 pontos percentuais desde a posse de Trump como presidente em 2016 e o número mais alto registrado pelo instituto desde o primeiro questionamento em 2005. Apenas 26% apresentaram uma opinião favorável. Isso deu aos democratas e aos republicanos mais motivos para provar sua capacidade de "pegar pesado" com a China. Joe Biden retomou de onde Donald Trump parou, mantendo as tarifas em vigor, criticando os segredos da China e acrescentando novas condenações aos abusos de direitos humanos. A diplomacia das vacinas dos EUA logo ultrapassou a da China, mas a competição entre os dois países se intensificou. Em maio de 2021, Kurt Campbell, principal conselheiro de Biden sobre a Ásia, declarou publicamente o "fim da era de aliança com a China... agora, o paradigma dominante será a competição".

Em resumo, o conceito de "rivalidade amigável" entre EUA e China foi deixado para trás. A rivalidade está se intensificando. A parceria, nem tanto.

PONTOS CRÍTICOS

Qualquer um dos muitos estímulos existentes pode levar esses dois países a conflitos nos próximos anos. Vamos começar com o mais perigoso. Em 1996, a China disparou mísseis balísticos no mar para intimidar Taiwan. Em resposta, o presidente Clinton enviou dois porta-aviões para o Estreito de Taiwan, expressando uma mensagem clara a Pequim. A China recuou. Isso aconteceu há um quarto de século. Nos anos seguintes, a China gastou trilhões em mísseis, defesas áreas, submarinos, armas cibernéticas e outros armamentos militares modernos. Em março de 2021, o *Diário do Povo,* jornal do Partido Comunista, publicou uma matéria sobre a convocação do presidente Xi destinada aos militares e policiais chineses, sobre como todos deveriam estar "prontos para o combate" para defender a soberania do país, e com isso um notável estudioso chinês previu que Xi queria "[acelerar] a solução do problema de Taiwan durante [seu] terceiro mandato como presidente". Isso significa algum momento entre 2022 e 2027. Um alto almirante dos EUA alertou em março de 2021 sobre uma possível invasão chinesa a Taiwan "nos próximos seis anos". E caso a China disparasse mísseis contra Taiwan hoje, qual seria a reação do presidente Biden? Se ele seguisse o exemplo de Clinton, Pequim recuaria? E se não recuasse? E daqui a cinco anos?

Na Ásia como um todo, o equilíbrio de poder militar mudou. Os EUA têm tratados de defesa com dezenas de países, porém a China só tem compromisso em defender a Coreia do Norte. Mas será que os EUA realmente entrariam em guerra com uma China que tem armas nucleares, em nome do Vietnã e das Filipinas para impedir a dominação chinesa do Mar da China Meridional? Caso isso acontecesse, quantos aliados fariam o mesmo?

Um confronto entre EUA e China seria mais perigoso que a Guerra Fria entre os EUA e a URSS porque seria travado com armas cibernéticas e outras que, conforme já apresentado, em grande parte impedem o conhecimento da verdadeira força de ambos os lados, provocando uma possível escalada no conflito. E a luta não será sobre ideologia comunista ou capitalista e sim sobre poder econômico e tecnológico. Ao contrário da União Soviética, a China não está exportando uma ideologia, por mais que Xi Jinping fale sobre princípios marxistas-leninistas dentro de seu país. Em vez disso, está pedindo ao mundo para ver seu país como forte, capaz, sábio, benevolente e completo. (Esse "completo", a propósito, quer dizer que Taiwan faz parte da China.)

O problema mais disruptivo não está centrado em uma ilha ou em um território marítimo específico e não tem nada a ver com tarifas. É uma batalha sobre o futuro da tecnologia — ferramentas de comunicação de última geração, aprendizado de máquina, softwares de vigilância e inteligência artificial — assunto de um dos próximos capítulos do livro. A China já é uma superpotência tecnológica e já existe uma estrutura bipolar da Guerra Fria para a relação tecnológica EUA-China que afetará todas as regiões do mundo. No mercado de commodities e bens e serviços, os EUA e a China são concorrentes e parceiros (potenciais). Cada um deseja mais participação de mercado, mas todos se beneficiam de um sistema comercial aberto. Guerras comerciais podem ser iniciadas para atingir objetivos específicos, mas o comércio em si não é jogo de soma zero. "Negócios habituais" no comércio são benéficos para todos. É um apoio crucial para a paz e a prosperidade global.

Mas o mercado mundial de dados e informações agora está se dividindo em dois. No início, a internet — a *World Wide Web* — era conduzida por um único conjunto de padrões e regras. Com pouquíssimas exceções, todos os consumidores tinham acessos similares. Esse não é mais o caso. Agora a China e os Estados Unidos estão construindo dois ecossistemas online distintos. Isso se aplica à transformação da internet atual e à internet das coisas (IoT), a rede criada pela conexão à internet de dispositivos tão diversos quanto eletrodomésticos, automóveis, equipamentos médicos portáteis e satélites. O ecossistema tecnológico norte-americano com todos os seus pontos fortes e fracos é construído pelo setor privado e, vagamente, regulado pelo governo. O sistema chinês é dominado pelo Estado; o mesmo acontece com a coleta de big data, o desenvolvimento de IA, o lançamento da tecnologia 5G e a defesa e retaliação a ataques cibernéticos.

Ainda não sabemos onde ficará o Muro de Berlim virtual. Ou se a UE se alinhará com os Estados Unidos ou se ficará fragmentada em uma colcha de retalhos de decisões individuais dos países europeus. Da mesma forma, é muito cedo para prever com precisão qual será o lado escolhido pela Índia, pela Coreia do Sul, pelo Brasil ou até mesmo pelo Japão. Sabemos muito bem, quando o quesito é tecnologia, que os EUA desejam o fracasso ou a queda da China, pois o desenvolvimento tecnológico chinês combinado com seu modelo político autoritário e capitalista estatal representam um desafio fundamental aos valores dos quais a democracia, as liberdades individuais, a estabilidade e a prosperidade dependem. Esse é o raro assunto em que democratas e republicanos concordam.

Por meio da Iniciativa do Cinturão e Rota, a China já investiu mais de US$100 bilhões na infraestrutura de outros países. Esse processo aumenta a influência de Pequim nessas nações, porém, após esses projetos serem finalizados, qualquer um poderá usá-los. A competição tecnológica é diferente. Dividir o ecossistema global de tecnologia em dois cria diferentes espaços de informação e dados. Dessa maneira, uma Guerra Fria tecnológica afetará a humanidade de novas formas. Se os norte-americanos que assistem a diferentes canais de TV a cabo veem versões muito diferentes de seu país, imagine a desconexão entre EUA e China em um *mundo* dividido por regras e padrões diferentes. É um "nós contra eles" em escala global. Uma "internet fragmentada" com a criação de ecossistemas tecnológicos paralelos não é apenas uma ameaça à globalização. É uma competição com grandes chances de derrota para quem acredita em liberdade política. O resultado ideal para cada lado é eliminar o outro sistema. Esse é um jogo de soma zero e o maior desafio às esperanças de uma futura rivalidade amigável entre os EUA e a China.

A ASCENSÃO DA CHINA OFERECE OPORTUNIDADES

Para construir a parceria necessária para evitar a Guerra Fria e trabalhar juntos nos problemas mais urgentes do mundo, os norte-americanos devem reconhecer o valor da ascensão da China. Em primeiro lugar, qualquer defensor da dominância dos valores e da liderança ocidentais como base essencial para um futuro seguro, justo e próspero deve considerar a realidade de que a liderança ocidental ajudou a nos conduzir ao atual estado global, caótico e propenso a crises. As divisões entre a Europa e os Estados Unidos, e a polarização cada vez mais implacável em tantos países ocidentais, podem ser vistas por qualquer um.

A crise financeira global não começou na China. Os Estados Unidos são responsáveis por isso, pois o fracasso de Washington em regular os empréstimos de forma adequada desencadeou a reação em cadeia nos bancos globais, causando muitos danos em todo o mundo. Os defensores da importância do poder do comércio internacional na geração de uma ampla prosperidade precisam admitir que a China, e não os Estados Unidos, se tornou uma campeã do comércio global. Nem as potências ocidentais foram capazes de conter o coronavírus de forma tão eficaz quanto a China. Os países ocidentais não têm um consenso sobre como combater as mudanças climáticas, regular novas tecnologias, gerenciar fronteiras, interagir com a Rússia ou responder à ascensão da China.

E não vamos fingir que intervenções militares dos EUA sempre produzem estabilidade. Os líderes da China, temerosos de uma intervenção estrangeira em seu país, e com muitos eventos históricos para justificar esse medo, insistem que nenhuma nação tem o direito de invadir preventivamente outra ou interferir em seus assuntos internos. A maioria dos norte-americanos discorda, afinal os militares dos EUA intervieram diversas vezes em outros países, inclusive com forças militares, às vezes com a OTAN ou outros aliados, desde o fim da Guerra

Fria. Os exemplos mais óbvios são Panamá, Haiti, Somália, a antiga Iugoslávia, Iraque (duas vezes) e Afeganistão. Os objetivos declarados diferem em cada caso: prender um criminoso, interromper uma catástrofe humanitária, impedir uma limpeza étnica, punir a invasão de um país ao seu vizinho, bloquear a produção de armas perigosas ou combater o terrorismo.

Algumas dessas empreitadas — no Panamá; na antiga Iugoslávia e a primeira guerra do Iraque — cumpriram os objetivos declarados, pelo menos em parte. Em outras — a intervenção na Somália e no Haiti; a segunda guerra no Iraque e no Afeganistão — foram enormes fiascos. A China não teria invadido o Iraque em 2003 para capturar inexistentes armas de destruição em massa, criando o vácuo político responsável por uma nova geração de terroristas. A guerra no Afeganistão trouxe poucos benefícios duradouros para os Estados Unidos e custou trilhões de dólares aos contribuintes norte-americanos. Alguns dos últimos soldados norte-americanos a deixar Cabul em agosto de 2021 sequer tinham nascido quando a Al Qaeda atacou os Estados Unidos no 11 de setembro. Os custos dessas aventuras, medidos em auxílio em longo prazo para combatentes veteranos dos EUA, aumentarão nas próximas décadas. Os críticos norte-americanos da China acusam Pequim de recusar os custos e os riscos decorrentes de uma possível intervenção em países estrangeiros para prevenir desastres humanitários. Porém, existem milhões de pessoas em Ruanda prontas para lembrar ao mundo que os Estados Unidos e seus aliados nem sempre aparecem.

Além disso, a China pode ajudar a resolver muitos dos problemas de desenvolvimento do mundo. O primeiro exemplo óbvio: os países mais pobres precisam urgentemente de uma infraestrutura melhor. Como mencionado anteriormente, Pequim criou o Banco Asiático de Investimento em Infraestrutura (AIIB), um credor multilateral com 78 países-membros, incluindo, apesar dos melhores esforços de Washington para evitar essa situação, muitos aliados tradicionais dos EUA como o Reino Unido, a França, a Alemanha, a Coreia do Sul, a Austrália e o

Israel. O AIIB visa ajudar a financiar projetos da Iniciativa do Cinturão e Rota na Ásia. Foram investidos bilhões em várias empreitadas desde estradas, pontes, portos e aeroportos até o controle da COVID-19. Embora tenha sido criticado por servir aos objetivos políticos de Pequim, em junho de 2020, o AIIB aprovou um empréstimo de US$750 milhões para ajudar a Índia, rival da China, a lidar com o coronavírus na mesma semana em que tropas chinesas e indianas travaram um conflito mortal em território disputado ao longo da fronteira norte, compartilhada entre os dois países.

A China é frequentemente acusada de ter criado o AIIB como uma alternativa ao Fundo Monetário Internacional (FMI) e outros credores regionais para impor novas regras de empréstimos vantajosas somente aos objetivos políticos chineses. No entanto, o país continua a ser um dos principais contribuintes do FMI e o AIIB fez parceria com o Banco Mundial, o Banco Asiático de Desenvolvimento, o Banco Islâmico de Desenvolvimento, o Banco Africano de Desenvolvimento e o Banco Europeu de Reconstrução e Desenvolvimento. Os países emergentes e muitos dos países mais ricos precisam de grandes investimentos em infraestrutura física. A China está atendendo a algumas dessas necessidades.

Os gestores de políticas públicas dos EUA alertam sobre a expansão da influência chinesa por toda a Ásia através de laços econômicos envolvendo parceiros desprevenidos. Alguns temem a possibilidade de a China usar a Iniciativa do Cinturão e Rota para sobrecarregar os países beneficiários com dívidas impagáveis e usar essa oportunidade para despojar essas nações de ativos estrategicamente valiosos. O que acontece, perguntam os críticos, quando a China financia a construção de um porto no Oceano Índico, no Paquistão, como parte de um plano para gastar dezenas de bilhões em barragens, usinas de energia, estradas e ferrovias? Problemas econômicos forçam o Paquistão a dar um calote em sua dívida. Então, a China reivindica esse valioso porto e ganha outro ponto de apoio em águas tradicionalmente dominadas pela rival Índia. Mas as nações mutuárias deveriam ser capazes de decidir por conta própria quais empréstimos podem pagar sem precisarem da aprovação de Washington. Os Estados Unidos com certeza têm objetivos estratégicos em mente quando emprestam grandes somas de dinheiro a seus aliados. Mesmo o claramente anunciado Plano Marshall em parte tinha como objetivo criar espaço para as exportações dos Estados Unidos e impedir uma aliança entre os governos europeus e a União Soviética.

Outro problema causado pelas queixas de Washington sobre a crescente influência comercial da China na Ásia é que o governo Trump se afastou do Acordo de Associação Transpacífico, cujos membros se alinhariam aos Estados Unidos, em vez da China, não membro desse acordo. Após Trump se retirar das negociações e se referir ao acordo como "um estupro ao nosso país", usando toda sua sutileza característica, ele deixou os membros restantes concluírem o tratado por conta própria. Então, a China estendeu a mão para a maioria dessas nações com um convite para participar da Parceria Econômica Regional Abrangente, um acordo com termos favoráveis para a China.

Esse acordo, sem dúvidas o maior da história em termos de volume comercial, foi assinado em novembro de 2020. Países asiáticos, muitos dos quais agora membros de ambos os pactos, ficaram imaginando se os Estados Unidos podem ou pretendem lhes dar uma oferta melhor que a chinesa.

Conforme a economia da China cresce, seus líderes usam a nova riqueza do país para aumentar seu poder e prestígio no mundo — como todas as grandes potências sempre fizeram. Não existe um grande plano chinês para "tornar o mundo seguro para a autocracia" e não há evidências de que a China pretenda "substituir" os Estados Unidos. No futuro próximo, isso estará muito além do alcance da China. O mundo precisa da China mais perto do centro do palco. Precisa do investimento chinês. Precisa de uma China estável, previsível e próspera. E se

Washington quer construir uma parceria pragmática com Pequim, deve se juntar ao resto do mundo no reconhecimento dessa realidade.

A ASCENSÃO DA CHINA TAMBÉM É PERIGOSA

Porém, a parceria em grandes desafios não significa que os norte-americanos ou qualquer outra nação devam ignorar os perigos representados pela China.

Às vezes, há um preço a ser pago pela "não intervenção" chinesa. Caso a OTAN não tivesse usado a força para deter a guerra na antiga Iugoslávia, mais inocentes teriam sido assassinados. Não, uma superpotência como a China não teria invadido o Iraque em 2003 e não teria repelido o exército iraquiano no Kuwait em 1991, liberando o líder iraquiano Saddam Hussein para estender a apropriação de terras na Arábia Saudita e lhe permitindo roubar grandes volumes de petróleo e manipular os países importadores de energia. Intervenções externas multilaterais bem-sucedidas não justificam as falhas; nem os fracassos devem obscurecer a necessidade de ação multilateral nos casos mais urgentes.

Os riscos associados aos enormes projetos de investimento da China não são apenas hipotéticos. Em 2017, o Sri Lanka *não* pagou os empréstimos chineses e *foi* forçado a ceder a Pequim o controle de um importante porto marítimo por 99 anos. O primeiro-ministro da Malásia alertou em 2018 sobre a possibilidade de os empréstimos do BRI da China permitirem a "diplomacia da armadilha da dívida" e uma "nova forma de colonialismo" (embora ele tenha mudado de ideia alguns meses depois), e ativistas na África e na América Latina reclamaram dos projetos de infraestrutura financiados pela China acompanhados por equipes de construção chinesas, privando os trabalhadores locais de oportunidades de bons empregos. Outros dizem que muitos projetos do

BRI são criados para gerarem lucro aos investidores em vez de fornecerem a infraestrutura necessária, além disso, algumas estradas e pontes construídas serão pouco utilizadas. Embora até os soviéticos quisessem conquistar corações e mentes nos países em desenvolvimento, os investidores chineses geralmente não parecem interessados nos habitantes locais.

Cada governo age de acordo com seus próprios interesses. Porém, uma liderança eficaz requer assumir riscos. Proteger o livre fluxo comercial trabalhando com aliados para vigiar o tráfego de navios-tanques através de um ponto estratégico como o Estreito de Ormuz requer disposição para colocar marinheiros em risco. Durante a década de 1990, embora poucos eleitores norte-americanos e europeus considerassem a paz nos Bálcãs uma prioridade nacional, tropas norte-americanas e europeias foram colocadas em perigo para deter a guerra civil na Iugoslávia. Mesmo sob a liderança assertiva e autoconfiante de Xi Jinping, o Partido Comunista Chinês ainda tem pouco interesse em assumir riscos para o bem comum. Pequim pretende emprestar grandes somas de dinheiro e contribuir com forças de manutenção da paz. Porém, não tem intenção de mobilizar o Exército de Libertação Popular para acabar com a matança em uma guerra na qual a China não tem participação direta, independente do custo humanitário.

Liderança também significa ajudar os mais necessitados — por exemplo, concedendo abrigo a refugiados. Os EUA aceitaram mais de 3 milhões de refugiados desde 1980. Os membros da UE e países como Turquia, Jordânia e até mesmo o Irã aceitaram milhões de refugiados durante a guerra no Afeganistão e a crise migratória de 2015 e 2016, e os requerentes de asilo continuam chegando. A China não aceita refugiados nem mesmo da Coreia do Norte, sua aliada e uma das nações mais pobres do planeta. Na verdade, prendeu e devolveu à força um número desconhecido de norte-coreanos em fuga ao longo dos anos, ignorando suas obrigações para com a Convenção de Refugiados de 1951. A política de imigração do governo Trump foi alvo de intensas críticas, mas os EUA ainda emitiram cerca de 1 milhão de vistos permanentes em 2019, enquanto a China teria concedido residência permanente a cerca de 10 mil estrangeiros de 2004 a 2017. Menos de um décimo de 1% da população da China nasceu em outro país.

A democracia ocidental não tem o monopólio da verdade e não é o único caminho para uma vida melhor. Baseados em argumentos consistentes, alguns insistem que a China oferece uma alternativa legítima à liderança norte-americana, e acusam os ocidentais de serem moralmente obtusos (ou talvez racistas) quando se recusam a reconhecer o sucesso chinês e a legitimidade de sua política e sistema econômico.

Porém, a China não é o modelo ideal para quem acredita na principal função da lei de proteger os direitos dos cidadãos. Em seu livro *The Case for Democracy: The Power of Freedom to Overcome Tyranny and Terror* [A Defesa da Democracia: O Poder da Liberdade para Superar a Tirania e o Terror, em tradução livre], publicado em 2004, o ex-dissidente soviético Natan Sharansky descreveu algo chamado de "teste da praça": "Se uma pessoa não pode ir até a praça de sua cidade e expressar livremente suas opiniões sem temer ser preso, encarcerado ou sofrer agressões físicas, então esse indivíduo vive em uma sociedade do medo e não em uma sociedade livre."

Ande no meio da Praça da Paz Celestial ou qualquer outro ponto de encontro público na China e comece a distribuir panfletos contrários ao Partido Comunista e você não passará aquela noite em sua cama.

Em 2013, o Partido Comunista de Xi Jinping proibiu qualquer discussão sobre valores universais, liberdade de imprensa e erros passados do partido. Em 2018, professores do jardim de infância à universidade foram obrigados a aderir ao "pensamento de Xi Jinping" e defender o Partido Comunista em qualquer circunstância. Professores e instrutores vistos fora do caminho oficial são espionados, atacados online por seus alunos, privados de privilégios como acesso à internet e direito de viajar, publicamente envergonhados, demitidos e até presos.

Resumindo, a China é um Estado policial. Quanto a isso, nada mudou desde que tanques esmagaram manifestantes pacíficos na Praça da Paz Celestial em 4 de junho de 1989. Para os defensores do direito universal de liberdade, nenhum crescimento econômico ou realização tecnológica pode justificar um regime autoritário de partido único ou a brutalidade desencadeada sobre quem deseja pensar e falar livremente.

Há muitas maneiras de contar a história da repressão estatal chinesa atual, mas nenhuma tão trágica quanto o tratamento dos muçulmanos uigures na região de Xinjiang, no extremo oeste. Os uigures já constituíram a maioria da população de Xinjiang, mas ao longo dos anos, o governo chinês transferiu milhões de chineses da etnia han para a região em uma tentativa de diluir a vantagem dos uigures. Para ampliar o controle sobre a demografia da área, as autoridades estatais adquiriram grande interesse pelo "controle de natalidade". Xi Jinping acabou com a "política do filho único" na China para os chineses han, porém, de acordo uma reportagem da agência norte-americana Associated Press, o governo chinês realiza constantes controles de natalidade, implantação de dispositivos intrauterinos, abortos e esterilizações em centenas de milhões de mulheres de minorias étnicas.

Os uigures reagiram à discriminação e repressão com protestos e alguns atos violentos. Xi Jinping respondeu com uma grande repressão sistemática vista poucas vezes no mundo. A China prendeu cerca de 1 milhão de muçulmanos uigures em campos de doutrinação. O governo chinês se refere a essas prisões como "centros de treinamento vocacional" para ensinar os uigures a rejeitarem o terrorismo e aprenderem habilidades profissionais. Também deixou claro que os acontecimentos ocorridos dentro das fronteiras do país só dizem respeito à China. Grupos de direitos humanos encontraram evidências, incluindo centenas de páginas de documentos estatais chineses vazados, contendo informações sobre pessoas detentas estupradas e torturadas. A situação dos uigures exemplifica como os princípios de não interferência da China são ocos. Em suma, a China ignorará crimes e atos violentos internos e de outros países para defender o direito de abusar dos direitos humanos em escala colossal dentro de suas fronteiras. Essa é uma das razões mais óbvias do porquê não será fácil encontrar pontos em comum com a China.

Uma parceria estratégica com a China não obriga a aceitação desses crimes. Na verdade, pode ser o único estímulo que estrangeiros tenham para influenciar a China em direção à mudança.

Soberania Cibernética

Para vigiar e controlar seus cidadãos, a China impôs uma política chamada "soberania cibernética", um termo imponente usado para descrever o controle de acesso à internet sobre as pessoas dentro de um determinado país. A lei de segurança cibernética da China, criada em 2017, exige que todos os usuários da internet se registrem usando seus nomes verdadeiros, facilitando o monitoramento de hábitos de visualização e comentários. O Estado também se deu ao direito de acessar dados pessoais "prejudiciais à segurança pública, economia nacional e subsistência das pessoas" e o Estado, é claro, define esses termos. Os órgãos reguladores usaram esse princípio para banir empresas como Google, Twitter, Facebook, Wikipédia e YouTube, mantendo um controle mais rígido sobre os conteúdos vistos, ouvidos e lidos. E conforme mais empresas chinesas competem com gigantes ocidentais no mundo em desenvolvimento, a China pode tentar escrever regras sobre privacidade e censura para governos interessados em seguir sua liderança no controle de informações.

A China também está usando seu enorme poder de mercado, na forma de acesso às suas centenas de milhões de consumidores de classe média, para mudar a forma como as empresas de tecnologia ocidentais agem dentro do país. Em 2019, apenas um dia após a mídia estatal chinesa criticar seu uso, a Apple removeu de sua loja online um aplicativo chamado HKmap.live, usado por manifestantes em Hong Kong para rastrear o movimento da polícia pela cidade. A Apple explicou a atitude após aceitar as reclamações chinesas de que os manifestantes o estavam usando para atacar a polícia, enquanto os críticos acusam a empresa de estar simplesmente se curvando à pressão comercial de Pequim. Dessa forma, a China ameaça o ideal de uma internet aberta em todos os lugares, enquanto autocratas de outros países tomam notas.

A intrusão estatal na privacidade está se tornando cada vez mais absoluta. Em 2020, surgiram relatos sobre a polícia chinesa ter passado três anos coletando amostras de sangue de homens em todo o país como parte de um projeto para construir um "mapa genético" dos 700 milhões de homens e meninos chineses, de acordo com um relatório do Instituto Australiano de Política Estratégica. (O foco masculino parte da premissa de que homens e meninos são mais propensos a cometerem crimes e a protestar contra o governo.) Esses 700 milhões de indivíduos não são criminosos. São cidadãos comuns. Muitos são crianças. E eles não têm ideia de como essa informação será usada. Em nome da segurança pública, todos os cidadãos são tratados como criminosos potenciais. É mais um passo em direção a uma sociedade controlada por meio de câmeras onipresentes de última geração, tecnologias de reconhecimento facial e inteligência artificial.

Crédito Social

As autoridades chinesas também contam cada vez mais com o "sistema de crédito social" do país, ainda em desenvolvimento. Consumidores de países mais ricos sabem que empresas privadas criam pontuações que informam a credores e potenciais credores quanta dívida eles têm e se pagam suas contas em dia. Também temos as pontuações compartilhadas entre os consumidores com base no cumprimento de transações comerciais, por exemplo, as classificações de serviços da Amazon, eBay e Uber. Mas, embora ainda não exista um sistema único de crédito social na China, autoridades estaduais e municipais expandiram os possíveis usos desse método, incluindo penalidades para contravenções penais como atravessar a rua fora da faixa de pedestre, embriaguez pública e perturbação da paz e tranquilidade.

Um dia, esse sistema pode ir bastante além. De acordo com autoridades do Estado, seu objetivo é evitar "condutas prejudiciais... à ordem social normal" e "permitir livre acesso aos cidadãos confiáveis e dificultar as ações dos infames". Você já deixou de pagar uma pensão alimentícia? Já foi demitido de um emprego? Assinou uma petição? Compareceu a um protesto? Algum de seus amigos ou parentes fez alguma dessas coisas? O Estado ainda não está fazendo essas perguntas, mas conforme desenvolve esse sistema, os obstáculos restantes para esse tipo de controle não estão relacionados às leis, mas à tecnologia.

Uma boa pontuação de crédito social pode lhe dar um salário maior, um apartamento melhor, o direito de viajar, além de uma ótima aposentadoria. Uma pontuação ruim pode garantir acesso restrito permanente a todos esses benefícios, a menos que consiga persuadir um juiz sobre sua reabilitação. O sistema pode ser usado para punir quem comete fraudes, roubos e atos violentos, mas também pode ser usado para controlar qualquer dissidência política.

Vendendo Ferramentas de Repressão

A maneira como a China trata seu próprio povo deve despertar nossa preocupação, ou até mesmo nossa raiva. Mas também devemos nos preocupar com o fato de que a China está exportando essas tecnologias de vigilância para outros países. Todos os cidadãos querem a captura de criminosos pela polícia, e muitos de nós aprendemos a viver com câmeras de vigilância pairando sobre nossas cabeças. Porém, há um debate crescente sobre o uso de tecnologias de reconhecimento facial entre a população em geral. Na China, sede de muitas empresas pioneiras nessa área, o governo investiu muito dinheiro nessas novas ferramentas e as empresas de tecnologia reuniram enormes quantidades de dados para torná-las mais eficazes. A China está, é claro, desenvolvendo as próprias regras e padrões sobre como essas tecnologias são projetadas e usadas — e estão vendendo-as para governos estrangeiros.

Xinjiang é um campo de testes para instrumentos de repressão com possibilidade de serem exportados. Em abril de 2019, uma investigação do *New York Times* descobriu que autoridades chinesas de segurança usaram câmeras de vigilância e tecnologia moderna de reconhecimento facial para monitorar toda a população uigur. Basicamente, é o primeiro uso conhecido de inteligência artificial para automatizar o racismo. Testadas com sucesso, ferramentas semelhantes podem ser usadas em todas as partes da China e vendidas para governos estrangeiros.

Como quando a CloudWalk, uma empresa de IA, supostamente vendeu um software de reconhecimento facial para o governo do Zimbábue, um dos regimes mais repressivos do mundo, presumivelmente como parte de um projeto para desenvolver tecnologias bancárias seguras. Esse acordo foi apoiado pela Iniciativa do Cinturão e Rota. No processo, a CloudWalk ajudou o Zimbábue a desenvolver um banco de dados nacional de reconhecimento facial, de acordo com uma reportagem do *Science and Technology Daily*, um jornal estatal chinês. O acordo com o Zimbábue serviu a outro propósito menos óbvio: o banco de dados de rostos zimbabuanos, compartilhado pelo governo com a CloudWalk, ajudou os tecnólogos de IA da empresa a aprimorarem a precisão na identificação de rostos negros, aumentando o apelo de seu software em outros países africanos e impedindo o crescimento de startups africanas com tecnologias semelhantes.

Um relatório de 2018 da Freedom House, uma organização não governamental pró-democracia, encontrou outros dezessete países, incluindo os Emirados Árabes Unidos, a Venezuela, o Uzbequistão, o Paquistão, o Quênia e até a Alemanha, usando os "sistemas de monitoramento inteligentes" chineses. A China forneceu treinamento para mais três dúzias de países em tópicos como "orientação da opinião pública", um termo que não necessita de um George Orwell para explicá-lo. Os países ocidentais também podem vender essas ferramentas tecnológicas. Empresas norte-americanas de big data, como a Palantir, estão sob escrutínio internacional, principalmente por suas relações com a Agência Central de Inteligência e o Serviço de Imigração e Alfândega dos EUA. Mas há liberdade de expressão na mídia dos Estados Unidos e de outras democracias, com licença para investigar e responsabilizar governos e empresas. O mesmo não acontece na China, onde o sigilo faz parte tanto da cultura política quanto do discurso de vendas para governos estrangeiros com os quais muitas democracias não fazem negócios. Não é como se um ativista pró-democracia ou político da oposição no Zimbábue pudesse forçar a China a revelar quais produtos de vigilância vendeu a seu governo. Cidadãos cansados de crimes violentos costumam dar boas-vindas a câmeras e monitoramento de alta tecnologia em seus países. Porém, em uma ditadura, as ferramentas usadas pelas autoridades para capturar criminosos também são armas utilizadas por agentes secretos da polícia para monitorar e reprimir opositores. O que vale para câmeras e reconhecimento facial também vale para a inteligência artificial capaz de rastrear comportamentos online suspeitos criminalmente (e politicamente).

A invenção de novas ferramentas e armas disruptivas é tão antiga quanto a humanidade. Elas não podem ser "desinventadas". E conforme os usuários cedem cada vez mais sua privacidade e os temores de segurança pessoal crescem, novas tecnologias podem tornar os Estados Unidos mais parecidos com a China, e não o contrário. De qualquer forma, a suspeição, um obstáculo a qualquer forma de parceria entre a China e os EUA, continua aumentando.

O CONFRONTO NÃO É INEVITÁVEL

Embora reconheçam as diferenças entre o conflito EUA-União Soviética no século XX e o atual confronto EUA-China, os especialistas concordam cada vez mais que estamos em uma nova Guerra Fria. O historiador e jornalista Niall Ferguson chama isso de Segunda Guerra Fria: "Estamos em um momento de paz nada pacífico. Essa é a definição de Guerra Fria."

"Uma nova Guerra Fria começou", concordou Robert Kaplan ao escrever para a revista *Foreign Policy* em 2019. "[A]s diferenças entre os Estados Unidos e a China são enormes e fundamentais. Mal podem ser gerenciadas por negociações e nunca poderão ser amenizadas." Peter Beyer, o funcionário alemão encarregado das relações de seu país com os Estados Unidos e o Canadá, alertou em 2020 que a "nova Guerra Fria entre os Estados Unidos e a China já começou e moldará este século".

Eu discordo. Apesar das muitas diferenças, algumas insolúveis, Washington e Pequim ainda não estão presos em uma nova Guerra Fria. E eles precisam parar de se comportar como se estivessem, porque tal conflito seria um completo fracasso estratégico para os dois países. Um novo confronto entre essas grandes potências minaria a interdependência responsável pelo crescimento de nossas economias, a proteção de nossa segurança e as melhores alternativas para lidar com as crises globais iminentes detalhadas neste livro.

Os Estados Unidos e a China terão conflitos em vários assuntos. Em alguns, a competição entre eles será de soma zero: os governos dos EUA e da China nunca concordarão sobre o futuro de Taiwan, Hong Kong ou do Mar da China Meridional. Em outros, como comércio e investimento, tanto a competição quanto a cooperação para benefício mútuo são possíveis. Em outras áreas, como as que serão apresentadas nos próximos três capítulos, a colaboração é essencial... ou todos fracassaremos. É do interesse de ambos os governos definir, de forma franca e realista, como cada assunto será tratado.

Por enquanto, as maiores ameaças aos Estados Unidos surgem de suas próprias falhas — sua política hiperpolarizada, desigualdade crescente e desconfiança cada vez maior em relação às instituições políticas e à mídia. Porém, com o tempo, a China será um grande desafio para os Estados Unidos e para as democracias ao redor do mundo, por ser um tipo de rival nunca visto antes. A União Soviética representou um desafio militar e ideológico, mas nunca foi um rival comercial. Na década de 1980, o Japão provou ser um concorrente comercial dinâmico para os Estados Unidos, mas permaneceu um aliado político e militar. A China do século XXI é um rival militar, político e comercial — e quando o assunto é o domínio de novas tecnologias, os limites entre essas categorias se tornam indistintos rapidamente. Os EUA e a China são duas grandes potências em um mundo que não pode ser separado por um muro feito de cimento barato na Alemanha Oriental.

F. Scott Fitzgerald escreveu: "O teste de uma inteligência excelente é a capacidade de ter duas ideias opostas na mente ao mesmo tempo e ainda manter a capacidade de funcionar." Seguindo esse raciocínio, os Estados Unidos devem trabalhar com a China para encarar os maiores desafios enfrentados pelos dois países e pelo mundo, mesmo quando competem e entram em conflito em outros assuntos. Sim, os Estados Unidos e seus aliados devem trabalhar para proteger os princípios da democracia, o Estado de Direito e os direitos humanos em todos os lugares. (Esse trabalho começa em casa, é claro, embora não pare por aí.) Mas a ascensão da China não pode e não deve ser contida. Essa ascensão é natural e sua população deseja e merece uma vida melhor. O ex-secretário de estado dos EUA, Mike Pompeo, certa vez declarou a necessidade de os EUA e seus aliados garantirem que "a China se mantenha em seu devido lugar no mundo"; mas não cabe aos norte-americanos definir o "devido lugar" da China. Declarações como a de Pompeo reforçam os argumentos de alguns chineses sobre os Estados Unidos estarem determinados a manter seu país sob controle.

Existem contribuições benéficas da China para o mundo, de várias formas. Nessas áreas, os norte-americanos e os demais devem acolher tais contribuições e até mesmo participar delas, por exemplo, juntando-se a instituições comerciais e financeiras lideradas pela China. Será mais difícil para os nacionalistas chineses argumentarem que os EUA querem retardar seu crescimento se os norte-americanos apoiarem o desenvolvimento da China.

As crises detalhadas nos capítulos posteriores não se importam com muros ou fronteiras e não podem ser apropriadamente tratadas se os Estados Unidos e a China iniciarem uma Guerra Fria e exigirem que as outras nações escolham um lado. Não será possível enfrentar esses desafios caso os custos, riscos, sacrifícios e ideias não sejam compartilhados entre China e América. A verdadeira luta entre norte-americanos e chineses não é entre dois governos, mas sim dentro de cada país — entre aqueles que acreditam que os Estados Unidos e a China devem trabalhar juntos para o bem de todos, e aqueles que não acreditam.

Como mostrarei na conclusão, há várias maneiras de criar uma competição construtiva, cooperativa e bem coordenada, caso os dois lados acreditem na possibilidade de estabelecer um laço de confiança ao enfrentarem ameaças comuns. Um ponto importante: governos, empresas, a sociedade civil e indivíduos devem chegar a um consenso referente às crises de saúde pública, mudanças climáticas e novas tecnologias disruptivas, pois todos esses itens representam uma ameaça para todas as nações e seres humanos. Tal consenso deve se tornar a base de trabalho para todos os envolvidos na construção de soluções reais, posteriormente investidas em nosso futuro coletivo.

Agora, vamos focar o primeiro desses grandes testes e suas oportunidades.

CAPÍTULO 2

POLÍTICA PANDÊMICA

Precisamos de crises para moldar uma nova cooperação global e construir um sistema internacional melhor. A COVID nos deu uma crise acompanhada por lições úteis que podem nos ajudar a enfrentar grandes desafios do futuro.

Para aprender essas lições devemos nos lembrar da velocidade em que essa crise se desenrolou. Em menos de três meses, partimos da primeira morte na China para mais de 1 milhão de pessoas infectadas em todo o mundo. Nunca saberemos o verdadeiro número, pois não haviam muitos testes disponíveis, os sistemas de saúde de vários países foram rapidamente sobrecarregados e muitas pessoas em países em desenvolvimento nem conseguiram chegar aos hospitais. Essa rapidez tornou mais crucial a necessidade de os governos estarem preparados para a próxima crise de saúde com bastante antecedência. Comunicação e cooperação entre fronteiras são essenciais para esse planejamento.

CATÁSTROFE PREVISTA

É difícil prever ou se preparar para algumas crises. Esse não foi o caso da COVID. Como dito pelo presidente George W. Bush em novembro de 2005:

> *"Uma pandemia é muito parecida com um incêndio florestal: caso seja detectado cedo, pode ser extinto com poucos danos. Se as chamas passarem despercebidas, logo podem se transformar em um inferno e se espalhar além de nossa capacidade de controle... Para reagir à uma pandemia de maneira adequada precisamos de médicos e suprimentos apropriados. Em uma pandemia, tudo — incluindo seringas, leitos hospitalares, respiradores, máscaras e equipamentos de proteção —, será escasso.*
>
> *Caso surja uma pandemia, nosso país deve ser capaz de se organizar e fabricar uma vacina com rapidez."*

E como o presidente Obama disse em dezembro de 2014:

> *"Em algum momento teremos uma doença mortal transmitida pelo ar. E para sermos capazes de enfrentar esse momento de forma eficaz precisamos implementar uma infraestrutura adequada — não apenas aqui, em nosso país, mas no mundo todo — para conseguirmos ver, isolar e reagir a ela rapidamente... De modo que, se e quando uma nova cepa de gripe, como a gripe espanhola, surgir daqui a cinco anos ou uma década, até lá já teremos feito um bom investimento e estaremos preparados para*

combatê-la. É um investimento inteligente. Não é apenas uma garantia; é ter noção de que, no futuro, continuaremos a ter problemas como esse, principalmente em um mundo globalizado onde podemos nos mover de um lado para o outro do planeta em um dia.”

Quase cinco anos depois, a COVID surgiu na China.

Bill Gates também nos alertou. Embora o governo Trump não tenha dado atenção aos avisos de saúde pública e não tenha se preparado para uma emergência prevista por especialistas, a Fundação Bill & Melinda Gates investiu centenas de milhões de dólares em pesquisas de desenvolvimento de vacinas e sistemas capazes de detectar doenças. O próprio Gates pediu para os líderes mundiais se prepararem para o inevitável. Em novembro de 2014, em resposta a um surto de ebola na África Ocidental, ele avisou: “O mundo como um todo não está preparado para epidemias. Tivemos alguns surtos de gripe que nos levaram a tomar algumas ações menores, mas não suficientes... É viável fazer uma ampla vigilância com novos equipamentos, algo melhor do que temos feito até agora”, disse ele. “É possível fazer um bom trabalho com algumas centenas de milhões — em vez de bilhões — de dólares por ano.”

Os cientistas estão alertando sobre pandemias há décadas e admitiram que talvez nunca sejamos capazes de conter todos os vírus mortais. Para isso, precisamos de um esforço global para criar novos sistemas de vigilância de doenças, novas maneiras de rastreamento e estudo de cada vírus, mecanismos de resposta rápida para lidar com surtos a partir da origem e novos sistemas para tratar de forma rápida, eficiente e eficaz as doenças capazes de gerar surtos repentinos e se espalharem ao redor do mundo. Esse empenho demanda investimento. Também requer consciência moral e apoio político. Exige uma nova disposição dos governos para se comprometer, cooperar e coordenar essas ações para o bem de todos.

A RESPOSTA DO G-ZERO

A resposta global inicial à COVID não foi promissora. As disputas mais nocivas relacionadas à pandemia aconteceram nos dois países mais poderosos do mundo. Nos Estados Unidos, a COVID provou que até uma simples máscara cirúrgica de um dólar pode se transformar em "guerra cultural". Outro debate mais substancial ocorreu nos EUA, como em muitos outros países, sobre a melhor maneira de encontrar um equilíbrio entre conter o vírus e manter as economias funcionando, sem causar danos à saúde mental e emocional infligidos pelo isolamento prolongado. Essa discussão também causou uma disputa política. Opiniões diferentes e legítimas foram levadas ao extremo por políticos e pela mídia quando esquerda e direita optaram por acreditar apenas nas informações disponibilizadas em seus canais de TV a cabo favoritos e no feed de notícias de suas redes sociais.

Algumas crises causam um repentino e crescente apoio ao governo. Depois do 11 de setembro, o presidente George W. Bush viu seu índice de aprovação subir para 86% quando os norte-americanos, horrorizados com o assassinato de mais de 3 mil pessoas, se uniram. Após começar 2020 com um índice de aprovação de 42,6%, Donald Trump não viu esse número ultrapassar os 45,8% devido à grande divisão entre os norte-americanos sobre o que realmente estava acontecendo, por que estava acontecendo e o que deveria ser feito sobre a situação. A COVID deu novos motivos para esquerda e direita se digladiarem, e a luta em si tornou a guerra contra o vírus muito mais difícil e custosa de vencer.

E na China, um país sem eleições e guerras culturais, a COVID também criou vários problemas para os políticos. Agora, centenas de milhões de chineses sabem como o governo silenciou médicos que tentaram compartilhar informações vitais quando o vírus surgiu. Conforme o surto se tornou uma pandemia, outros países culparam Pequim por não contê-lo. Não foi à toa que, para tentar desviar a atenção da gestão equivocada chinesa no início da crise da COVID e dos danos econômicos que se seguiram, o presidente Xi Jinping assumiu uma postura mais linha-dura com o ativismo pela democracia em Hong Kong, o apoio dos EUA à Taiwan, os conflitos de fronteiras com a Índia, os atritos comerciais e diplomáticos com a Austrália e as disputas territoriais no Mar da China Meridional.

A China se recuperou mais rápido e completamente do surto inicial do coronavírus do que qualquer um de seus rivais democráticos. Foi a única grande economia a crescer em 2020. Seus líderes usaram tal sucesso para oferecer a China como uma alternativa à liderança ocidental, inclusive desenvolvendo e comercializando uma vacina que alcançou grande parte dos países em desenvolvimento, meses antes das vacinas norte-americanas e europeias serem aprovadas, e ocupando o vácuo deixado pelo declínio da liderança norte-americana. Ainda assim, a desconfiança em relação à China, em ascensão muito antes da pandemia, foi intensificada após o acobertamento do surto inicial por Pequim. Em junho de 2020, a Comissão Europeia acusou a China e a Rússia de realizarem "operações de influência seletiva e campanhas com notícias falsas na UE, nos países vizinhos e no mundo". Em um exemplo notório de desinformação, um site da embaixada chinesa publicou uma história falsa, no auge do surto na Europa, sobre trabalhadores de um centro médico na França terem abandonado seus postos e deixado os pacientes morrendo.

Em resposta a tudo isso, a China enfrentou um boicote internacional. De acordo com um relatório do Pew Research, publicado em outubro de 2020, a maioria dos entrevistados em quatorze países da

Europa, América do Norte e Australásia não confiava no presidente Xi Jinping para "fazer a coisa certa com relação aos assuntos mundiais". Também mostrou que a maioria dos entrevistados agora consideram a China a maior potência econômica do mundo. Em suma, a pandemia aumentou a autoconfiança da China diante da disfunção política e da implacável polarização nos EUA, a dependência de outros países a laços econômicos com a China, bem como as suspeitas dos verdadeiros objetivos do país asiático, tudo ao mesmo tempo.

Em outras palavras, a COVID aumentou nossa recessão geopolítica. Uma crise global envolvendo saúde pública e economia produziu mais acusações do que cooperação. Houve pouco compartilhamento de informações ou suprimentos de emergência através das fronteiras internacionais. Os líderes dos dois países mais poderosos do mundo resistiram à cooperação com a Organização Mundial da Saúde — o órgão internacional mais preparado para salvar vidas e limitar os danos. Protestos raivosos, muitas vezes violentos, irromperam em vários países em busca de respostas sobre o que estava acontecendo, qual a melhor forma de reagir e quem deveria ser culpado.

A falha na resposta à COVID abrangeu todo o espectro político. Brasil e Grã-Bretanha (governos de direita) e México e Espanha (governos de esquerda) apareceram no topo da lista de mortes per capita por COVID em vários momentos. Há *tanta* culpa a ser distribuída que devemos reconhecer o verdadeiro motivo desse fracasso: o colapso inevitável na governança internacional criado por uma ordem mundial fragmentada. Esse sistema falhou com todos nós por não oferecer nenhuma possibilidade de governos e organizações internacionais trabalharem juntos de forma eficaz. Esse é o problema a ser resolvido caso pandemias e surtos futuros — e qualquer um dos desafios (ainda maiores) apresentados mais adiante neste livro — possam ser enfrentados para o bem de todos.

UM MUNDO EM DESENVOLVIMENTO SEGUINDO EM MARCHA À RÉ

A grande conquista da globalização dos últimos cinquenta anos foi a redução drástica na diferença de riqueza entre países ricos e pobres e a criação de uma classe média global e universal (mesmo com o crescimento da desigualdade em muitos dos países ricos do mundo). A COVID inverteu esse processo histórico. O legado mais mortal da pandemia é o dano duradouro causado em muitos dos países mais pobres, aqueles com sistemas de saúde precários, burocracias menos eficazes, infraestruturas corrompidas e menos dinheiro em caixa. Essas nações também serão as últimas a alcançar a imunidade de rebanho por meio de uma combinação de infecção e vacinação, e suas economias levarão anos para se recuperar.

Como mostra o gráfico abaixo, a recuperação da COVID tem sido um processo em três etapas. A China foi a primeira a se recuperar porque o governo autoritário detinha os meios tecnológicos e a autoridade política nacional necessária para rastrear e isolar pessoas infectadas e impor *lockdowns*. Os Estados Unidos e a Europa tiveram acesso à vacina e dinheiro para amortecer as dificuldades econômicas, conseguindo assim ocupar o segundo estágio de recuperação. A falta de vacinas e dinheiro deixa os países mais pobres ainda lutando contra a pandemia e os abalos econômicos decorrentes.

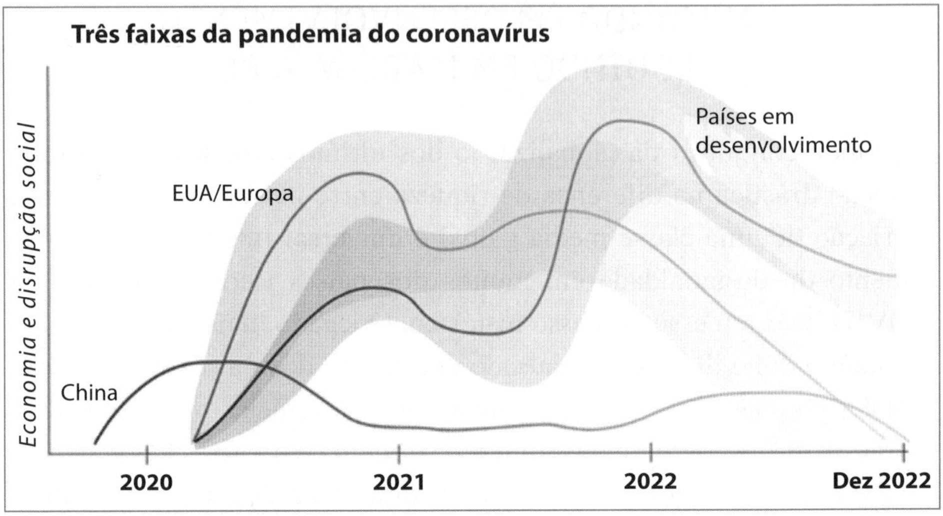

Caso as pessoas nos países mais ricos decidam ignorar a crescente desigualdade entre as nações, acreditando ser a ordem natural das coisas, e se convençam de que o sofrimento dos países pobres não afetará suas vidas, talvez devam se lembrar de alguns fatos sobre doenças transmissíveis. Se o vírus está ativo em um lugar, está potencialmente ativo em *todos os lugares*. Muitos de nós já ouvimos essa mensagem centenas de vezes, mas há poucas evidências de que a tenhamos levado a sério. Vírus cruzam fronteiras; sofrem mutações em lugares onde não são contidos e criam novas variantes perigosas para todos.

Declínios econômicos também são contagiosos. Enquanto as nações mais ricas viram uma recuperação econômica mais rápida dos piores efeitos da COVID-19, as pessoas nos países em desenvolvimento foram forçadas a "viver com o vírus". Muitos nesses países não têm um acesso seguro à internet para trabalhar e estudar remotamente quando empresas e escolas estão fechadas. Há menos turismo nas nações mais pobres cujos governos dependem dessa receita. Também há menos dinheiro para as famílias em países mais pobres quando menos envios de fundos chegam de parentes e amigos que trabalham no exterior. Dificuldades econômicas criam violência e turbulência política. Os países mais pobres detêm grande parte do crime organizado no mundo e grande parte dessas populações está desesperada por uma vida melhor. Refugiados também cruzam fronteiras.

De modo geral, a COVID-19 interrompeu o progresso de longo prazo referente à segurança, à oportunidade e à prosperidade em grande parte do mundo. Um relatório de 2020 da Fundação Bill & Melinda Gates nota que em relatórios anteriores "celebramos décadas de progresso no combate à pobreza e às doenças... Agora esse progresso foi interrompido." De fato, o relatório diz que "retrocedemos cerca de 25 anos em cerca de 25 semanas".

A COVID devastou os esforços internacionais no combate à desnutrição e ao HIV. Os sistemas de saúde foram sobrecarregados. As oportunidades educacionais sumiram quando as crianças foram afastadas da escola para ajudar suas famílias com as finanças. E a pobreza global aumentou. Em outubro de 2020, o Banco Mundial fez o prognóstico de que a pandemia levaria cerca de 150 milhões de pessoas de volta à pobreza extrema até 2021. Esse foi o primeiro aumento registrado nesse quesito em mais de vinte anos. As mulheres, maioria no mercado de trabalho informal, foram as mais atingidas. Conforme o relatório da Gates, "dados da epidemia de ebola na África Ocidental mostram que, quando as escolas reabrem, as meninas têm menos probabilidades de retornar, acabando com as oportunidades para si mesmas e para seus futuros filhos". A COVID colocou mais mulheres do que homens na pobreza extrema em todo o mundo. Um relatório do Fundo Global, uma fundação sem fins lucrativos independente, descobriu um risco crescente de taxas maiores de HIV, tuberculose e malária em homens e mulheres.

Os países pobres precisarão de muita ajuda dos países ricos nos próximos anos, pois as dívidas causadas pela crise são um problema universal. Governos incapazes de conseguir empréstimos não podem mais manter a ordem, e a instabilidade de uma nação cruza fronteiras.

Infelizmente, o envio de "ajuda financeira" para os mais necessitados do mundo estava se tornando menos popular nos EUA e na Europa mesmo antes da chegada da COVID. Milhões de norte-americanos ainda apoiam a posição do ex-presidente Trump sobre imigração e apoio financeiro a países pobres. Será difícil para o presidente Biden mudar a opinião das pessoas sobre esse assunto, independentemente de suas intenções e objetivos políticos.

A Europa tem seus próprios problemas com imigração. As dívidas do governo adquiridas com as ondas de refugiados do norte da África e do Oriente Médio durante a guerra civil da Síria geraram imensa animosidade entre os países do sul da UE considerados irresponsáveis pelos países do norte da UE por pedirem ajuda financeira. A ideia de "perdão de dívidas" internacional não é bem aceita entre os contribuintes de nenhum dos lados do Atlântico. Os investimentos e a concessão de crédito da Iniciativa do Cinturão e Rota feitos pela China também diminuíram drasticamente desde seu ápice em 2015. A economia e as perspectivas de crescimento chinês de longo prazo também estão sob pressão conforme sua população envelhece e o Estado é forçado a gastar mais para fortalecer sua rede de segurança social.

A PRÓXIMA PANDEMIA

Podemos não ter tanto tempo quanto pensamos antes da próxima pandemia. O número de pessoas cruzando as fronteiras na metade do último século — viajantes corporativos, turistas ou refugiados — atingiu novos patamares. Lembre-se: levou dias para a COVID-19 sair do território chinês e semanas para os cientistas conseguirem rastreá-la até o ponto de origem.

Cientistas descobriram mais de quarenta novos patógenos letais sendo transmitidos de animais para humanos nos últimos cinquenta anos, e o ritmo de novas descobertas aumenta conforme os animais entram em contato com um número cada vez maior de pessoas em países em desenvolvimento e ricos, onde subúrbios e moradias perto de áreas rurais em expansão estão invadindo os habitats desses bichos. O maior exemplo desse fato são os pássaros, cujas rotas de voo estão cada vez mais pavimentadas devido ao estímulo ao desenvolvimento em várias regiões, e que são mais propensos a pousar em áreas povoadas ou em fazendas durante uma época de crescente proliferação de vírus entre pássaros, outros animais e humanos. A agricultura industrial insalubre também aumenta o risco do surgimento de novos vírus. Uma análise genética verificou que um surto de gripe suína em 2009, responsável por infectar dezenas de milhões e matar milhares de pessoas em 120 países, teve origem em uma fazenda industrial na Carolina do Norte.

Um fato mais preocupante, a COVID-19 foi muito contagiosa, mas não um dos vírus mais mortais que será visto pelos cientistas nos próximos anos. Também está longe de ser o mais letal enfrentado nos últimos vinte anos. A síndrome respiratória aguda grave (2003), as cepas de gripe aviária como a H7N9 (2013) e H5N1 (2014) e a síndrome respiratória do Oriente Médio (2019) foram menos contagiosas se comparadas com a COVID, porém mais letais. Considerando o quanto não sabemos sobre a mutação do coronavírus seria imprudente supor que a próxima variante não será mais transmissível e mais mortal. No entanto, os surtos estão sendo politizados conforme líderes nacionais administram pessimamente os esforços necessários para conter esses surtos, procurando bodes expiatórios fora das fronteiras ou nas instituições responsáveis por coordenar as respostas a essas crises. Discussões acaloradas sobre a COVID-19, principalmente entre Washington e Pequim, agravaram esse problema e vão incentivar mais sigilo quando surgir o próximo patógeno.

Essa pandemia foi a maior crise de nossas vidas. Porém, não foi, por si só, assustadora o suficiente para nos fazer criar um novo sistema de cooperação internacional ou forçar pessoas de esquerda e de direita a trabalharem juntas. Poucos líderes reconheceram que a COVID era uma ameaça global e que nunca poderia ser resolvida com eficácia sem uma solução mundial, e menos ainda tentaram encontrar soluções.

Mas a COVID nos *ensinou* lições úteis para conter futuras pandemias. Elas podem ser usadas como base para a cooperação futura em outros assuntos. Aqui estão as três mais importantes.

Investir — Agora

A primeira lição sobre a COVID é a mais básica: prepare-se para as tempestades enquanto os dias estão ensolarados ou colha um furacão como consequência. Os governos são aconselhados a investir na prontidão nacional e local, pois desastres como a COVID causam mais danos humanos e econômicos quando:

- cientistas e médicos não podem testar um grande número de pessoas infectadas e rastrear o trajeto de um vírus dentro da sociedade;
- os hospitais carecem de medicamentos e equipamentos necessários ao tratamento de muitos pacientes infectados;
- autoridades ficam à mercê de estratégias de contenção improvisadas em um momento de pânico;
- governos estaduais e municipais não têm acesso a fundos de emergência de fontes nacionais ou internacionais;
- os governos em todos os níveis da sociedade não têm um plano confiável para reagir às emergências que ocorrerão mais cedo ou mais tarde.

Não existem dois desastres idênticos, mas um planejamento inteligente para algo tão previsível quanto um novo coronavírus reduzirá os danos. Talvez se o governo pensasse nisso menos como uma questão de prudência e generosidade, e mais como uma vantagem competitiva crucial (como a resposta à COVID na China), as autoridades tomassem as medidas necessárias para limitar os danos para todos.

Sobretudo, é crucial investir em redundância. As demandas da competição econômica global forçam empresas e governos a maximizar a eficiência cortando custos. Isso criou uma das características dominantes da globalização: a "cadeia de suprimentos *just in time*". Por que gastar milhões em guarda-chuvas quando não está chovendo? Por que abastecer hospitais com respiradores necessários durante uma crise de saúde pública não vista em décadas? A resposta é óbvia: um dia teremos uma chuva forte e suprimentos críticos serão necessários para evitar uma catástrofe.

Sim, a necessidade de preparação e investimento é evidente. Mas essa mensagem deve ser repetida porque a COVID-19 provou que senso comum não significa prática comum.

Os governos nacionais devem investir em suas cidades. Todo governo precisa de uma cadeia de comando definida e uma distribuição de responsabilidades em vigor quando surge uma crise de saúde pública, e os governos nacionais devem ter reservas financeiras necessárias para estocar suprimentos essenciais. Mas os governos municipais são o marco zero desse tipo de emergência e precisam de investimentos antes dos momentos críticos. A COVID deixou claro que a tomada de decisões habituais descentralizadas nos Estados Unidos pode piorar a emergência. Uma resposta ineficaz à crise e uma competição entre os estados pelo acesso a recursos escassos custam vidas. Décadas de falta de financiamento para postos de saúde municipais complicaram a resposta da América do Norte ao vírus.

Não basta os governos investirem dentro de suas fronteiras. Conforme já visto, as doenças infecciosas não respeitam fronteiras e barreiras criadas pelo homem. Não existe uma estratégia nacional eficaz para prevenir ou acabar com uma pandemia global. Apenas uma estratégia *internacional* pode cumprir esse objetivo. Quando a tempestade chegar, todos precisarão de materiais de proteção, equipamentos de teste, tratamentos eficazes e vacinas para não transformar um problema nacional em global em poucas semanas. A COVID-19 nos mostrou a importância de investir na capacidade de fabricação dos países pobres para acelerar as reações a uma emergência de saúde e ajudar a proteger a todos, principalmente de variantes virais.

Em um mundo onde os governos são mais propensos a construir muros em vez de pontes, a dependência excessiva de suprimentos críticos de países com governos potencialmente hostis cria novas emergências quando as cadeias de suprimentos são quebradas. Investir em "amortecimento de impactos" significa investir em suprimentos e fornecedores redundantes. Maior cooperação internacional não significa compartilhamento *universal*. Alguns governos se oporão à cooperações que, para eles, enfraquecem sua independência. Porém, se muitos governos trabalharem juntos para implementar a resiliência no sistema internacional, os indecisos terão melhores incentivos para se juntar a eles.

O investimento em amortecimento de impactos não pode vir apenas dos governos. Empresas privadas criam testes, tratamentos, equipamentos de proteção e vacinas necessárias para a sobrevivência das sociedades. A COVID-19 mostrou como algumas empresas podem se tornar centrais para as soluções — e obter lucros excepcionais com contratos governamentais — ao trabalharem de perto com os gestores de políticas públicas, como já fizeram em períodos de guerra. Também há um lugar importante para o setor privado no planejamento nacional e internacional para futuras crises, como parte dos meios de comunicação e cadeias de comando. Os gestores políticos e as universidades assumem suas responsabilidades durante as fases de pesquisa básica, uma área em que se destacam. Depois, o setor privado leva essa pesquisa para o mercado e a transforma em novas ferramentas produzidas com rapidez e em grandes quantidades.

A pandemia lembrou aos líderes a dependência da capacidade inovadora do setor privado em momentos de emergência, e lembrou às empresas como essas mesmas emergências podem expor suas vulnerabilidades perante más decisões políticas. A COVID-19 causou enormes danos a governos e negócios — motivo suficiente para planejarmos juntos as futuras respostas às emergências. Empresas e cidadãos também podem apoiar organizações filantrópicas particulares com tempo e recursos para estudar e ajudar no preparo contra ameaças futuras.

Por fim, não basta nossos líderes terem um plano; famílias e indivíduos também devem ter um. Isso significa aprender a melhor forma de reagir às ameaças de doenças contagiosas. Países asiáticos como Cingapura, Vietnã e Taiwan, os mais atingidos por surtos virais anteriores, reagiram de maneira muito eficiente à COVID-19, em parte porque as pessoas nessas nações sabiam o que fazer e não fazer. Não se trata apenas de usar máscara, lavar as mãos e manter o distanciamento social. Elas também sabiam onde procurar informações precisas e boas recomendações. Em um mundo como o nosso, onde governos hostis, políticos e jornalistas partidários e vândalos políticos injetam notícias falsas em sociedades polarizadas, encontrar e compartilhar informações verdadeiras pode ser a diferença entre a vida e a morte.

Compartilhar Informação

É fácil conter um vírus e salvar milhões de vidas quando você o identifica e toma medidas efetivas antes que ele infecte milhões de pessoas. Isso se faz ao compartilhar informações com seus cidadãos e com o resto do mundo. Os líderes da China querem controlar o fluxo de dados disponibilizados para os cidadãos de seu país. Mas a COVID-19 provou que algumas informações não podem ser controladas.

Caso as autoridades chinesas tivessem ouvido os médicos de Wuhan e convidado a Organização Mundial da Saúde a ouvi-los também em vez de tentar digerir e reagir às informações antes de compartilhá-las, teriam poupado a si mesmos, seu povo e o resto do mundo de um enorme sofrimento. Se esses médicos se sentissem mais livres para compartilhar suas descobertas, a China e o resto do mundo teriam uma grande vantagem na contenção. A imagem do Partido Comunista Chinês estaria mais forte, não mais fraca. Mais transparência da liderança da China teria aumentado a confiança pública sobre as informações do governo e do partido no poder, tornando possível gerenciar crises futuras com mais facilidade e menos esforço.

No Irã, o governo minimizou os riscos à saúde causados pela COVID-19 visando manter um alto índice de participação nas eleições parlamentares de fevereiro de 2020, e também evitar parar uma economia já devastada com o impacto das sanções internacionais e do preço baixo do petróleo. Caso tivesse agido de forma diferente, o país não teria se tornado o primeiro grande foco da COVID fora da China.

O sigilo do autoritarismo não é o único obstáculo ao fluxo livre de informações confiáveis. Após um surto de gripe aviária em 2005, o governo Bush criou um projeto para rastrear, pesquisar e organizar respostas a vírus capazes de serem transmitidos de animais para humanos. Sob a supervisão da Agência dos Estados Unidos para o Desenvolvimento Internacional (USAID), um projeto chamado Predict descobriu quase mil novos vírus. Milhares de pessoas em trinta países africanos e asiáticos foram treinadas e sessenta laboratórios de pesquisa médica foram construídos ou reformados com foco maior em países em desenvolvimento. Então, em outubro de 2019, o governo Trump anunciou o fim do projeto, talvez porque alguém o considerou um desperdício de dinheiro. "Predict era uma abordagem para evitar pandemias em vez de apenas sentar e esperar até elas surgirem para então fazer alguma coisa. Isso custa caro", contou um participante do projeto ao *New York Times,* quando a notícia do cancelamento foi anunciada. A COVID-19 surgiu seis semanas depois.

São necessários mais investimentos e pesquisas para descobrir como os vírus transmitidos de animais para humanos se tornam mortais. Além de monitorar surtos virais entre animais e humanos, e pesquisar os motivos dessas ocorrências, o mundo também precisa de mais investimento em sistemas globais de compartilhamento e coordenação de informação para reduzir o tempo de resposta. Isso incluiu o fortalecimento de acordos para compartilhar exemplos e aumentar a cooperação entre cientistas além das fronteiras. Claro, uma coisa é assinar tratados que exigem o compartilhamento de informações em larga escala sobre ameaças à saúde pública; outra coisa é realmente compartilhar. A China não é o único país onde autoridades são treinadas para se preocupar mais com a divulgação de notícias sobre fatos políticos sensíveis do que falar sobre surtos de doenças infecciosas.

As informações úteis para cientistas e médicos são adquiridas por meio de testes eficazes, pois não é possível lutar contra algo invisível. Nos primeiros dias da COVID-19, não havia consenso científico sobre fatos básicos referente aos perigos representados pelo vírus. Era transmitido pelo ar? Podia ser transmitido pelas superfícies? As máscaras seriam úteis? Afetava pessoas de diferentes idades de maneiras distintas? O primeiro grande passo para responder a essas perguntas e encontrar respostas úteis para salvar vidas foi dado com testes em larga escala.

Testes positivos fornecem informações cruciais para salvar vidas, empregos e reputações políticas. Desde os primeiros dias da COVID, líderes políticos estavam cientes do paradoxo pandêmico: você não terá nenhum crédito por evitar um desastre vivenciado por poucas pessoas e será culpado pelas consequências econômicas negativas causadas por quarentenas e outras estratégias agressivas de contenção. Esse dilema alimenta a tendência dos políticos de esconder as más notícias.

Porém, quando líderes tratam os resultados desses testes como um boletim político repleto de informações positivas e baixando seu nível de importância, acabam desencorajando os testes. Isso deixa os cientistas no escuro e todos em perigo. Mais pessoas morrem. Mais danos econômicos são causados. Os países com o menor número de mortes per capita e menos danos econômicos aumentaram os testes em larga escala, o mais rápido possível. A crise do coronavírus mostrou que o sucesso no combate ao vírus não depende do tipo de governo, da ideologia do partido governista, do tamanho da economia ou do tamanho da população. A democrática Coreia do Sul, o autoritário Vietnã, a rica Cingapura, a pobre Grécia, a conservadora Alemanha, o liberal Canadá, o populoso Japão e a pequena Nova Zelândia, todos administraram a crise com mais eficácia que os Estados Unidos, o Brasil, a Índia, o México e o Reino Unido, onde os líderes muitas vezes desafiaram ou ignoraram as melhores recomendações científicas sobre como reagir à crise.

De acordo com o filósofo francês do século XVII, Blaise Pascal, é inteiramente racional para um agnóstico acreditar em Deus. Se ele estiver certo sobre a existência de Deus, ganha a vida eterna. Se estiver errado, não perde nada. Em uma lógica semelhante, se Donald Trump e outros líderes mundiais céticos da COVID tivessem encarado a ameaça do vírus com maior seriedade desde o início do surto, estariam mais bem preparados para testar suas lideranças no pior cenário e perderiam pouco, caso o medo tivesse sido exagerado. Nunca saberemos se uma resposta pandêmica mais rigorosa poderia ter reeleito Trump, mas é difícil imaginar que isso o prejudicaria em uma disputa mais acirrada.

Na Coreia do Sul houve muitos testes no período inicial. O presidente Moon Jae-in não subestimou os perigos da COVID. Não vendeu remédios fajutos de ervas como o presidente de Madagascar,

Andry Rajoelina. Ao contrário do presidente da Bielorrússia, Alexander Lukashenko, ele não fingiu que saunas e vodca poderiam manter a população segura. Diferentemente de Trump, não atacou deliberadamente a integridade e a credibilidade das instituições de saúde pública mais importantes de seu país. O governo Moon pagou um preço político de curto prazo pelas manchetes com más notícias sobre os testes, mas as autoridades sul-coreanas controlaram o surto mais rápido em comparação com os governos que fingiram que os perigos da COVID eram exagerados, e o partido democrata de Moon foi recompensado com uma vitória esmagadora em abril de 2020, mesmo quando a pandemia se alastrou em outros lugares.

Não são apenas os governos que devem compartilhar informações. As empresas farmacêuticas dependem dos lucros para financiar pesquisas e avanços e não há nada de errado em uma companhia de medicamentos proteger sua propriedade intelectual. Porém, quando milhões de pessoas estão sendo infectadas com um vírus mortal, compartilhar propriedade intelectual e informações em tempo real sobre estudos e testes pode salvar vidas. Essas empresas recebem milhões de dólares dos contribuintes para desenvolver tratamentos e vacinas. E como o vírus não está totalmente contido em apenas um país até ser controlado em todos os países, essas informações devem ser compartilhadas com mais eficácia do que durante o surto da COVID, quando companhias privadas e grandes corporações nacionais em países como China e Rússia competiram umas com as outras em vez de compartilhar dados para o bem de todos.

Compartilhar Responsabilidades

Os credores internacionais devem fornecer dinheiro para ajudar governos vulneráveis a enfrentar futuras pandemias. O Fundo Monetário Internacional, em particular, fez todo o possível durante a COVID. Mas o FMI tem recursos limitados. Os países mais ricos devem aumentar seu poder de empréstimo. Devem garantir taxas de empréstimo projetadas para ajudar os países mais pobres a sobreviverem ao cronograma de pagamento, criar incentivos para as ONGs fornecerem ajuda e perdoar dívidas que não podem ser pagas sem criar distúrbios políticos e econômicos dentro dos países em dificuldade.

Nesses quesitos, os EUA e a China podem ter uma participação importante ao provarem a eficácia do sistema para os dois países e para quem precisa de ajuda. Já vimos um progresso real com o comprometimento do FMI em fornecer empréstimos de acordo com as "metas de desenvolvimento sustentável" da ONU, métricas endossadas por 193 países em 2015. Investimentos na redução da pobreza, fome e desigualdade, em parte por meio de mais financiamento em educação, especialmente para meninas, produzirá benefícios tangíveis para as pessoas em todos os lugares.

Durante a pandemia, a Organização Mundial da Saúde foi alvo de críticas, algumas justas, sobre ter demorado muito tempo para entender e reagir ao verdadeiro tamanho do problema. Quando a OMS divulgou seu relatório de 2021 sobre as origens do vírus, as estratégias usadas pela China, após conceder acesso aos investigadores da OMS, causaram grandes prejuízos à credibilidade do relatório. A OMS, assim como as Nações Unidas, foi criada e financiada por todos e para o bem de todos. Quando os governos atacam a organização, estão atacando uma ferramenta projetada por todos e para a própria proteção. Mas a COVID nos ensinou que as nações-membros devem redefinir a missão da OMS. Seu orçamento é muito pequeno para cumprir todas as responsabilidades atuais — por exemplo, investimentos em nutrição, cuidados médicos primários, padrões ambientais, segurança de produtos, gerenciamento de doenças crônicas e limitação de contágio. Essa instituição precisa de mais investimentos ou deve ser desmembrada, tendo suas responsabilidades dividas entre várias organizações com o financiamento necessário para enfrentar os desafios mais relevantes de sua função atual.

A COVAX (uma iniciativa global composta por governos e fabricantes de vacinas para garantir acesso igualitário aos imunizantes em todo o mundo) enfrenta obstáculos semelhantes. Mais de 170 países participaram de conversas sobre esse projeto junto com a OMS, além de algumas ONGs e fabricantes de vacinas em países desenvolvidos e em desenvolvimento. O governo Trump se recusou a participar da COVAX porque não queria ser "limitado por organizações multilaterais influenciadas pela corrupta Organização Mundial da Saúde e pela China", segundo um porta-voz da Casa branca da época. No começo de 2021, o presidente Biden comprometeu os EUA com a COVAX e prometeu bilhões de dólares em apoio adicional ao trabalho da organização, mas muito tempo e muitas vidas já haviam sido perdidos.

Em 2022, a COVAX está ajudando a distribuir vacinas para pessoas em lugares que, de outra forma, não as receberiam. Mas, assim como a OMS, a COVAX carrega um fardo muito pesado. A COVID-19 provou que financiar a COVAX ou uma organização semelhante de maneira adequada é algo sábio e econômico. Invista o dinheiro agora ou pague um preço maior mais tarde. Os próprios países doadores têm muito a ganhar com uma maior generosidade. De acordo com a Eurasia Group, empresa fundada por mim, ajudar países de baixa e média renda pode proporcionar uma recuperação econômica mundial mais rápida nos próximos anos. Ou seja, contribuições maiores terão bons retornos ao impulsionar o crescimento global. E quanto mais cedo melhor.

APRENDENDO COM A COVID-19

Toda crise contém sementes de oportunidade. A COVID revelou muitas falhas de liderança política, mas também houve sucessos. O que aprendemos?

No passado, as vacinas continham fragmentos de proteínas virais com a função de "ensinar" o sistema imunológico das pessoas a reconhecer e subjugar um invasor perigoso. Mas a pandemia inspirou os cientistas a testarem um novo conceito. Duas vacinas para a COVID usam tecnologias de "RNA mensageiro" (mRNA), que ensinam o corpo a produzir seus próprios fragmentos de vírus a serem atacados. Essa nova e revolucionária abordagem acelerou drasticamente o desenvolvimento e distribuição em massa de vacinas seguras e eficazes. Nos Estados Unidos, essas inovações foram produzidas com dinheiro do governo e pesquisas do Instituto Nacional de Saúde, do Departamento de Defesa e laboratórios acadêmicos financiados pelo governo federal junto com a experiência e a inovação fornecidas por empresas do setor privado.

Essa invenção salvou empregos e vidas. Limitou os danos políticos dos governos federal, estaduais e municipais. Empresas farmacêuticas tiveram enormes lucros e impulsionaram suas marcas. Cada indivíduo que contribuiu para esse esforço pode se orgulhar por ter feito parte de uma conquista histórica. Por si só, a pandemia da COVID-19 não forçará os líderes mundiais a encarar a recessão geopolítica atual e enfrentar desafios ainda maiores do futuro. Porém, assim como a vacinação com mRNA, ela criará novas oportunidades de cooperação para quem estiver pronto para aproveitá-las.

O dano econômico causado pela pandemia *ajudará* a acelerar a transição dos resquícios da economia do século XX para os elementos mais dinâmicos do século XXI, transferindo o poder para as empresas mais inovadoras do mundo, capazes de mudar a forma como produzimos, distribuímos e consumimos alimentos e energia. Pense nas mudanças climáticas, assunto do próximo capítulo. Sem dúvida, a pandemia desviou a atenção nacional e internacional das medidas ousadas necessárias para limitar o aquecimento do planeta. O dano econômico infligido pela COVID reduziu drasticamente a demanda por combustíveis fósseis, responsáveis por grande emissão de carbono na atmosfera, e já deu às empresas de petróleo e gás novos motivos e maior urgência para aumentar os investimentos em energia de fontes renováveis. E, mais importante, ao forçar as pessoas em todo mundo a se unirem, trabalharem, comprarem e estudarem online — e ao fornecer novas ferramentas indispensáveis para ajudar em tudo, desde de testes e rastreamento de contato até o desenvolvimento de tratamentos e vacinas — a pandemia deu mais poder à empresas da era digital profundamente comprometidas com ações ecológicas.

Para os governos, a consequência geopolítica mais positiva da COVID foi o esforço dos líderes europeus em mostrarem aos líderes norte-americanos e chineses como cooperar. O vírus circulou pela Europa mais de uma vez. Em resposta à primeira onda, a maioria dos países europeus fizeram quarentenas mais eficazes comparadas com as dos Estados Unidos e sem os danos duradouros à privacidade pessoal vistos na China. A crise financeira e de dívidas soberanas (2008-2012), a crise migratória (2015-2016) e o Brexit (2016) ajudaram a persuadir os líderes da UE de que a desigualdade gera ressentimentos e alimenta o populismo. Se todos os países-membros se comprometerem com uma integração mais unida da UE, eles precisam acreditar que nem sempre as crises colocarão os países ricos contra os pobres. Em 2020, com o apoio de todos os 27 estados-membros, os governos europeus concordaram com um pacote de recuperação no valor de mais de €2,3 trilhões, incluindo €750 bilhões para a recuperação da COVID, €540 bilhões para reforçar as redes de proteção aos trabalhadores, empresas e membros e um orçamento da UE de €1 trilhão para o período de 2021 à 2027. Esse foi o exemplo mais importante de comprometimento internacional, cooperação e coordenação visto pelo mundo em uma geração.

Para conseguir esse feito, a chanceler alemã Angela Merkel e o presidente francês Emmanuel Macron impulsionaram com firmeza uma pauta integracionista pró-europeia, projeto que enfureceu os contribuintes nos países mais ricos, aumentou o ressentimento nas nações mais pobres, afastou ex-membros comunistas da UE e ajudou a aprovação do Brexit. No processo, Merkel e Macron enfraqueceram os argumentos eurocéticos em toda a UE e muitos membros receberam a ajuda necessária. Levará anos para todo o dinheiro ser distribuído, mas a resposta de emergência unânime mostrou o valor do sacrifício em uma época em que o populismo nacionalista colocou o futuro da UE em dúvida.

Esses pacotes financeiros também incluem estímulos ao investimento em tecnologias ecológicas e regulamentações feitas sob os padrões tecnológicos europeus de países não pertencentes à EU, em busca de negócios com a Europa sem ter impostos maiores. Isso fortalecerá a influência europeia na regulamentação global de novas tecnologias e proteção ambiental.

Os governos europeus foram mais lentos que os EUA para vacinar sua população, em parte porque nem sempre os estados-membros trabalham bem com os burocratas de Bruxelas. "Demoramos para aprovar [as vacinas]. Estávamos muitos otimistas com a produção em massa e muito confiantes com a entrega de nossos pedidos dentro do prazo", disse a presidente da Comissão Europeia, Ursula von der Leyen, em fevereiro de 2021. Mesmo assim, de muitas maneiras, a atitude da Europa em 2020 forneceu um plano para cooperação em períodos de crise entre governos nada dispostos a compartilhar custos e responsabilidades.

A Europa, o maior mercado interno do mundo, carece de empresas com tecnologias revolucionárias, forças armadas poderosas, bancos sólidos, recursos naturais abundantes e uma moeda de reserva global. E o consenso entre os membros sobre qualquer coisa que exija sacrifício e comprometimento nunca será fácil. Porém, eles têm os melhores órgãos reguladores do mundo e os governos dos EUA e da China, em específico, devem aprender com a liderança europeia quando os assuntos forem clima, tecnologia e construção de uma rede de segurança para proteger os cidadãos em um mercado de trabalho em constante evolução. Por isso, apesar de grande foco deste livro ser nos Estados Unidos e na

China, precisaremos da liderança europeia para nos ajudar a escapar da desordem global e criar um sistema internacional sustentável para lidar com as crises de um futuro próximo.

A experiência da COVID deve nos preparar melhor para trabalharmos além das fronteiras antes da próxima pandemia. A quase total incapacidade dos EUA e da China de concordar com qualquer coisa não encoraja o otimismo, mas outros governos estão oferecendo outras opções de liderança. Em março de 2021, os líderes de 23 países se juntaram à OMS para propor um tratado internacional de preparação para pandemias futuras, com o objetivo de nos proteger da próxima crise global de saúde. Precisamos disso para conseguir maior cooperação, colaboração e coordenação na preparação para outras pandemias — e um modelo para uma abordagem pós-G-Zero para todos os outros desafios deste livro. Infelizmente, nem a China nem os EUA assinaram. Sem eles, esse tratado é apenas um projeto que não sairá do papel.

Não, a COVID não era a crise de que precisávamos. Porém, ela oferece instruções e esperança que podem nos ajudar a reagir ao próximo vírus mortal e enfrentar as emergências mais perigosas do futuro de forma mais eficaz. Agora, focaremos uma crise que não precisamos prever. Já está em andamento. Ela afeta nossas vidas, nossos meios de subsistência, a paz e a segurança global, e será maior e pior do que qualquer dano causado pela COVID-19.

CAPÍTULO 3

EMERGÊNCIA CLIMÁTICA

No começo de 2007, uma seca devastadora com duração de dois anos atingiu as terras agrícolas do norte da Síria. Setenta e cinco por cento dos agricultores da região perderam suas colheitas e o governo de Damasco, sem dinheiro, não ofereceu muita ajuda. Centenas de milhares de pessoas desesperadas invadiram as maiores cidades da Síria em busca de empregos para sustentar suas famílias, mas não foram bem recebidas quando chegaram lá. A raiva contra a corrupção endêmica e a falta de oportunidades econômicas já estavam causando problemas nas ruas da cidade, e os recém-chegados das regiões rurais aumentaram a superpopulação e a tensão.

Então, em 2011, veio a Primavera Árabe, um tumulto regional que começou na Tunísia, percorreu o Egito, causou uma revolução na Líbia e provocou pânico nos governos do norte da África e do Oriente Médio. Na Síria, o resultado foi uma guerra civil. Metade das pessoas que viviam lá em 2011 foram mortas ou forçadas a deixarem suas casas. Fugindo da violência, milhões de refugiados começaram a cruzar fronteiras e muitos conseguiram alcançar a Europa. E também não foram bem recebidos quando chegaram lá.

A União Europeia estava lidando com as consequências econômicas e políticas da crise financeira de 2008-2009. Os contribuintes dos países mais ricos da UE ficaram irritados com as ajudas financeiras fornecidas às economias em crise no sul da Europa, onde os moradores logo se viram na linha de frente de uma crise histórica de refugiados. Dos Bálcãs ao Reino Unido, pessoas com medo dos imigrantes roubarem seus empregos e congestionarem o acesso a serviços fornecidos pelo governo, além de pessoas irritadas com ataques terroristas periódicos de fundamentalistas islâmicos, revoltaram-se contra os recém-chegados. Milhões de refugiados sírios nunca chegaram à Europa e ainda vivem na Turquia, Jordânia, Líbano e países vizinhos — e muitos deles ainda esperam conseguir sair dessas regiões.

Agora... vamos viajar 12.000km do oeste de Damasco até a América Central. No início de 2014, uma intensa seca plurianual atingiu El Salvador, Guatemala e Honduras. Com o tempo, agricultores desses países perderam a esperança de sobreviverem aos padrões climáticos em rápida mudança e obterem boas colheitas. Corrupção e falta de bons empregos mantinham as famílias na pobreza há muito tempo, mas as colheitas devastadas destruíram vilarejos inteiros. Adicione gangues criminosas fortemente armadas à situação e os centro-americanos começaram a concluir que não havia futuro em seus países de origem.

Em 2018, centenas de milhares de pessoas fugiram da região na esperança de chegar aos EUA para solicitar asilo — em um momento em que o presidente Trump tinha planos para construir um muro "grande e bonito" na fronteira, como principal promessa de campanha. Caravanas de centro-americanos ficaram presos no México, afetando também a política desse país. Quando Joe Biden se tornou presidente em 2021, mais dezenas de milhares de refugiados, instigados por contrabandistas, foram para a fronteira.

Guerra civil e refugiados traumatizados podem parecer um ponto peculiar para começarmos a história das mudanças climáticas, que para muitas pessoas ainda é uma questão principalmente de derretimento de gelo, elevação do nível dos mares, resgate de baleias e abraços em árvores. Mas o aquecimento global cria padrões climáticos instáveis, causando secas em alguns lugares e enchentes em outros, arruinando vidas e meios de subsistência, principalmente nos países mais pobres do mundo com populações jovens em rápido crescimento. Conforme o aquecimento continua, desastres climáticos deixarão *centenas de milhões* de pessoas desabrigadas — a maioria sem um destino definido. Esse processo causará turbulências econômicas e políticas em todos os lugares. Por mais familiarizados que estejamos com o fenômeno, poucos de nós — e quase nenhum de nossos líderes — têm uma análise adequada do custo enorme em termos geopolíticos. Esse é o objetivo deste capítulo.

É claro, as mudanças climáticas não criaram todas as desgraças na Síria e na América Central. A Primavera Árabe foi o resultado de décadas de frustração no Oriente Médio e no norte da África. A guerra civil da Síria teve vários motivos. Crime e corrupção atormentaram El Salvador, Guatemala e Honduras por muito tempo. Mas desastres que causaram o despejo de um grande número de pessoas famintas em um país pobre de maneira repentina podem causar uma violenta instabilidade política. É um tormento que, como o coronavírus, cruza fronteiras e destrói a vida de pessoas em todo o mundo.

Catástrofes na Síria e na América Central são apenas o começo. As populações aumentarão na África (+55% até 2040), no sul da Ásia (+18,4%) e na América Central (+18,8%). Apenas a população economicamente ativa na África subsaariana aumentará quase em 1 bilhão entre 2020 e 2060. Essas serão as pessoas mais afetadas pelas mudanças climáticas. De acordo com a ONU, o número de pessoas desnutridas em países africanos subsaarianos propensos à seca aumentou

45,6% entre 2012 e 2020. As mudanças climáticas desempenharam um papel fundamental nesse crescimento.

Os Estados Unidos são um dos países menos envolvidos nesses desafios com refugiados. Como os norte-americanos viram em 2021, as mudanças climáticas podem criar desastres simultâneos, pois enormes incêndios florestais na costa oeste e enchentes na costa leste destruíram vidas e casas e liberaram produtos químicos perigosos nas águas subterrâneas. Estudos mostram que, até 2050, os níveis de calor e umidade em algumas partes do centro-oeste e da Louisiana poderão interferir na temperatura do corpo humano, não sendo possível aliviar o calor, por até dezoito dias ao ano. Será mais difícil cultivar alimentos em várias regiões dos Estados Unidos.

Secas serão mais longas e mais quentes. Tempestades cada vez mais violentas causarão inundações mais frequentes. Os líderes mundiais não fizeram praticamente nada para lidar com as consequências inevitáveis — mais estresse econômico, revoluções políticas e imigrantes. Quando a guerra civil começou, a Síria era o lar de cerca de 22 milhões de pessoas. Em breve, esse tipo de catástrofe atingirá um país de 100 milhões de pessoas.

Agora, uma simples comparação: lutaremos com a COVID e seu impacto por anos, mas o problema do clima nos afetará por décadas e prejudicará muitas vidas. Muitos danos já são irreversíveis e o gerenciamento das consequências será a maior prioridade da próxima geração de líderes globais.

Todos nós já sabemos de onde vêm as mudanças climáticas. Nos últimos cinquenta anos, a engenhosidade humana e a conexão entre as fronteiras capacitaram mais pessoas e desencadearam mais potencial econômico do que qualquer outro momento no curso da história. A globalização tirou milhões da pobreza, ajudou as pessoas a terem vidas mais longas e saudáveis, além de criar oportunidades inéditas de aprendizado e mobilidade crescente. Porém, não podemos ignorar a contrapartida: essas conquistas têm um custo, como a exploração sem precedentes dos recursos naturais do planeta, que acabou por mudar a química de nossos oceanos e atmosfera.

Para grande parte da população mundial, até agora essa troca valeu a pena, embora não possamos dizer o mesmo ao considerarmos o número incontável de espécies em extinção por nossa causa. Desde os anos 1970, o crescimento acelerado do consumo de comida e outros recursos pelos humanos eliminou 60% dos mamíferos, pássaros, peixes e répteis e 83% dos animais moradores de rios e lagos. Esse é o impacto do Antropoceno, o primeiro período da história da Terra em que a fonte dominante das mudanças ambientais vem de escolhas feitas pelos seres humanos.

Sabemos que o planeta está ficando mais quente. Isso é fácil de medir e entender. O Sol projeta calor em direção à Terra. Nossa atmosfera desvia parte desse aquecimento para o espaço para evitar que o planeta fique quente demais para sustentar a vida. Ao mesmo tempo, dióxido de carbono na atmosfera captura parte desse calor para não transformar nosso planeta em uma bola gigante de gelo. Nem tão quente, nem tão frio. Esse "efeito estufa natural" sustenta todas as formas de vida da Terra. Mas o petróleo, o gás e o carvão utilizados por nós para produzir energia e fortalecer nossas economias bombeiam mais dióxido de carbono na atmosfera. Um sexto de todas as emissões de carbono na história da humanidade ocorreu no período de dez anos entre 2010 e 2020. É uma realidade surpreendente. Com isso, mais raios solares ficaram presos, capturando mais calor.

A destruição das florestas do mundo piora a situação porque as árvores, e os solos onde elas crescem, armazenam carbono. A Amazônia perdeu mais cobertura florestal em 2019 do que em qualquer momento da década anterior e o governo Bolsonaro no Brasil parece determinado a piorar as coisas. Os danos no Brasil foram ainda mais devastadores em 2020. Em 2019, mais de um terço de toda a destruição das florestas tropicais do mundo ocorreu no Brasil, mas as florestas também estão sob ataque na África Central, no sudeste da Ásia e em outros lugares. Somente a perda total global de florestas tropicais em 2019 cobriria uma área quase do tamanho da Suíça.

Em termos geológicos, tudo isso aconteceu em um instante. Durante a era industrial, iniciada há cerca de 260 anos, a quantidade de dióxido de carbono na atmosfera cresceu 30%, aumentando a temperatura da Terra em 1,2°C. Essa mudança está ficando mais rápida; os vinte anos mais quentes já registrados foram todos nos últimos vinte e dois anos.

De acordo com as Nações Unidas, o derretimento das calotas polares aumentou o nível do mar em cerca de 19cm durante o século XX e pode se elevar por mais 1m no final do século XXI. Hoje, cerca de 1% da superfície da Terra está quase quente demais para suportar qualquer tipo de vida. (Pense no deserto do Saara.) Até 2070, essa parte mais quente deverá ser de quase 20%. Mais animais e plantas serão extintos, pois não terão tempo para se adaptar a mudanças tão drásticas, e os riscos à saúde dos humanos também aumentarão.

Mais calor significa mais umidade no ar acompanhada por reflexos na temperatura, umidade, pressão do ar e instabilidade atmosférica capazes de alterar os padrões climáticos drasticamente. Significa mais tempestades intensas e recorrentes, enchentes, incêndios florestais e secas.

Como Tanya Steele, chefe da ONG World Wildlife Fund, disse em 2018: "Somos a primeira geração a saber que estamos destruindo nosso planeta e a última que pode fazer algo a respeito."

POLÍTICA NO CAMINHO

As soluções para esses problemas são extremamente disruptivas — política, econômica e socialmente — tornando mais fácil para alguns negar o consenso científico ou simplesmente não fazer nada. Os líderes participantes do acordo climático de Paris se comprometeram em limitar o aumento da temperatura global a menos de 2°C e o Painel Intergovernamental sobre Mudanças Climáticas da ONU pediu mais um limite ambicioso de 1,5°C. Para cumprir esses objetivos, as emissões de CO2 devem cair rapidamente para *net zero* (ou seja, zero emissões líquidas de carbono). Seja em 2040 (para 1,5°C) ou 2050 (para 2°C), a quantidade de carbono enviada para a atmosfera não pode ser maior que a retirada. Para atingir a meta desejada, os governos devem fazer maiores investimentos no uso e produção de energia com menor taxa de emissão de carbono, e em novas tecnologias capazes de sugar carbono no ar.

Limitar o uso de combustíveis fósseis é o foco de qualquer estratégia climática. Porém, quem mais lucra com eles — os países da OPEC (Organização dos Países Exportadores de Petróleo), a Rússia e os EUA (que no momento é o maior produtor de petróleo do mundo) — têm grandes motivos financeiros para retardar esse processo. Muitos governos de países produtores de petróleo serão impactados diretamente, pois 65% das reservas globais de petróleo atuais pertencem a empresas estatais, não a multinacionais do setor privado com as quais estamos mais familiarizados.

O carvão tem sido uma fonte barata e abundante de energia há décadas e muitos países investiram muito dinheiro em usinas de energia a carvão. Embora agora as energias renováveis sejam mais baratas que o carvão em grande parte do mundo, a construção de uma nova infraestrutura — e a turbulência causada no mercado de trabalho — tornará essa transição complicada e muito cara, principalmente em países em desenvolvimento. A China e Índia, os dois países mais populosos do planeta, ainda são grandes dependentes do carvão para geração de energia doméstica.

Países pequenos e mais ricos podem ter mais facilidade. O plano Visão 2030 da Arábia Saudita, por exemplo, é uma estratégia bastante ambiciosa para diversificar a economia saudita e diminuir a dependência cada vez mais perigosa das exportações de petróleo. Os Emirados Árabes Unidos já fizeram progressos substanciais nesse quesito.

Outros países, incapazes de funcionar sem os rendimentos dos combustíveis fósseis, entrarão em colapso. O exemplo mais notável é a Venezuela, lar de uma das maiores reservas de petróleo bruto do mundo e um país profundamente instável que precisa importar praticamente todos os outros produtos de consumo. Com o avanço das estratégias de descarbonização, esses países exportarão menos petróleo e mais turbulência. Até mesmo a Rússia, uma gigante de recursos, fez pouco progresso em relação à diversificação econômica, colocando-se à mercê de estagnação econômica e caos político nas próximas décadas. A mudança para uma energia mais limpa também transformará a geopolítica, conforme antigas parcerias baseadas em combustíveis fósseis — Europa e Rússia, Estados Unidos e Arábia Saudita — se tornarem menos relevantes. Essa tendência criará mais incerteza geopolítica ao alterar o equilíbrio de poder de regiões inteiras.

Governos dependentes de combustíveis fósseis não serão os únicos resistentes à nova ordem mundial. Empresas e trabalhadores cujos meios de subsistência dependem da extração, do refino e do transporte de meios de energia não apoiarão os planos para atingir a meta de zero emissões líquidas de carbono. As maiores companhias de energia investiram centenas de bilhões de dólares em projetos de longo prazo que não serão lucrativos nos próximos anos ou décadas. Essas empresas sabem que os movimentos em grande escala para diminuir o uso de combustíveis fósseis "encalharão" diversos de seus principais ativos e as forçará a sair do negócio. E isso não envolve apenas grandes corporações petrolíferas ocidentais. As dez empresas responsáveis pelos maiores aumentos de emissões de CO2 nos últimos cinco anos são indianas, chinesas, australianas, russas, sul-coreanas e suíças (com um único fabricante de cimento). Elas também não estão felizes com a meta de zero emissão.

Outras indústrias também serão profundamente afetadas. Pense nas grandes fabricantes de automóveis. Nos próximos vinte anos, veículos elétricos superarão os de motor de combustão interna. Por esse motivo a capitalização de mercado da Tesla já é maior que a da Ford, da General Motors, da Volkswagen e da Fiat juntas. Mas as montadoras norte-americanas não estão se movendo nessa direção tão rápido quanto as rivais na Alemanha, no Japão, na Coreia do Sul e na China. Os trabalhadores da indústria automotiva pagarão um preço alto. Um estudo de 2019 realizado pelo sindicato metalúrgico IG Metall da Alemanha e pelo Instituto Fraunhofer de Engenharia Industrial descobriu que, embora a eletrificação criará 25 mil novos empregos na Alemanha até 2030, eliminará três vezes mais da produção de motores e transmissões no mesmo período. Os muitos perdedores nessa transição disruptiva não podem interromper o processo, mas usarão sua influência com os gestores de políticas públicas para retardar o progresso.

A política doméstica em torno das mudanças climáticas e descarbonização será desagradável em todo o mundo, esse é outro obstáculo para atingir a meta de zero emissões. Poucos líderes eleitos estão ansiosos para assumir a responsabilidade por políticas com sofrimentos de curto prazo, principalmente por saberem da reivindicação de créditos por líderes futuros quando os resultados positivos surgirem. Também sabem que recebem mais crédito por abordar problemas dentro do próprio país em vez dos globais. É mais fácil continuar postergando a meta do carbono e torná-la problema de outra pessoa. Mas, é claro, isso torna o problema pior e as soluções mais caras.

Uma das melhores maneiras de acelerar a transição dos combustíveis fósseis é aumentar o custo de seu uso. Porém, países muito pobres como o Equador e muito ricos como a França já descobriram que qualquer aumento de impostos ou redução dos subsídios dos combustíveis pode levar os cidadãos às ruas. Em alguns países, os eleitores, convencidos de que as mudanças climáticas representam riscos mortais, exigirão ações de autoridades com capacidades limitadas para cumpri-las por conta própria, pois dependem muito de ações de outros governos. Em outros, os eleitores darão prioridade às necessidades econômicas atuais em vez de necessidades climáticas do futuro, limitando o apoio ao investimento necessário para enfrentar tais mudanças. Alguns apoiarão candidatos que duvidem publicamente da existência das mudanças climáticas, principalmente se esses candidatos puderem convencê-los de que seus empregos e estilos de vida estão em risco.

E em países com grandes companhias petrolíferas nacionais como a Rússia, a Venezuela e a Nigéria, os governos têm uma fórmula testada e comprovada de como usar recursos naturais para criar empregos. Porém, ainda não sabem como fazer o mesmo com as energias renováveis. Em longo prazo, a energia limpa produzirá mais desenvolvimento e empregos com melhores salários do que os gerados pelos combustíveis fósseis, mas a transição energética do preto para o verde será econômica e politicamente dolorosa.

A ZERO EMISSÃO ENCONTRA O G-ZERO

Nesse ponto, a meta de zero emissão encontra o G-Zero. Ainda não há consenso sobre como a responsabilidade dos cortes de emissões deve ser compartilhada entre os países. *Não nos peça sacrifício,* disseram a China e Índia. *Não nos peça para pagar o preço pelos danos causados ao planeta por séculos de industrialização da Europa e da América. Os países ocidentais criaram esse problema e ficaram ricos no processo. Não reduziremos nosso desenvolvimento para limpar a bagunça de vocês.*

Vocês estão certos, responderam norte-americanos e europeus, *mas vocês já jogaram mais carbono na atmosfera do que nós e essa diferença só vai aumentar.* Em 2018, bem antes de a pandemia desacelerar as atividades econômicas em todos os lugares, as emissões de carbono dos Estados Unidos e da Europa somaram 8,9 gigatoneladas. A China sozinha produziu 10,1 gigatoneladas. A Índia e o resto do mundo foram responsáveis pelas outras 17,9 gigatoneladas.

Justo ou não, se vamos resolver esse problema, todos precisamos reduzir as emissões de acordo com uma meta sustentável.

Claro, isso desconsidera a atitude do presidente Trump de colocar em dúvida o comprometimento da maior economia mundial ao retirar os EUA do acordo climático de Paris, o tratado histórico sobre redução de emissões e compartilhamento de responsabilidades. Trump não está mais na Casa Branca e o presidente Biden se comprometeu com uma pauta climática mais ambiciosa. No entanto, os outros governos sabem que um compromisso dos EUA pode ser temporário dependendo de quem ocupa a Casa Branca. Dessa maneira, a política cria enormes obstáculos para ação, e o progresso no combate às mudanças climáticas enfrenta o risco constante de estagnar.

Um motivo menos irresponsável para o receio político: muitas tecnologias novas, ainda em desenvolvimento, são projetadas para limitar os danos causados pelo aumento das temperaturas. As tecnologias tornam-se mais baratas conformem evoluem. Governos hesitam em investir grandes somas de dinheiro em novas invenções não testadas, pois versões melhores e mais baratas podem ficar disponíveis mais tarde. Especialmente quando isso significa que alguma autoridade futura terá de autorizar o pagamento.

OS RISCOS

Apesar de todos esses obstáculos, os líderes mundiais estão começando a agir porque fica cada vez mais óbvia a falta de opções. Aqui estão alguns riscos catastróficos que tornam a ação climática essencial e inevitável.

Água: De Mais e de Menos

Graças a todo o carbono que jogamos na atmosfera, milhões de pessoas terão menos água do que necessitam enquanto outros milhões terão mais do que podem lidar. As mudanças nos padrões climáticos e as secas responsáveis pelo caos na Síria e na América Central atingirão todas as regiões do mundo, inclusive lugares onde grande parte da população vive à beira da pobreza. De acordo com algumas estimativas, até 2050 metade da população mundial viverá em lugares sem água suficiente para atender às suas necessidades básicas. O problema do excesso de água em outros lugares ocorre por causa do derretimento de gelo, da elevação dos oceanos e das tempestades fortes mais frequentes. Especialistas estimam que até 2050 o aumento do nível do mar fará com que a média anual das inundações costeiras atinja regiões mais altas, que atualmente abrigam 300 milhões de pessoas.

Às vezes, os problemas estão relacionados — como em Jacarta, capital da Indonésia, onde vivem quase 11 milhões de pessoas. Como resultado do aumento do nível do mar causado pelo aquecimento e do excesso de construções devido ao súbito sucesso econômico, agora Jacarta é a metrópole que está afundando com maior rapidez do mundo. A falta de água em algumas áreas está piorando o problema. Quase metade dos moradores da cidade não tem acesso à água encanada e, conforme as pessoas e empresas ilegalmente bombeiam água de aquíferos, o solo afunda mais rápido. Em alguns bairros do norte, o terreno afundou mais de dois metros em dez anos. Agora, quase metade de Jacarta está abaixo do nível do mar e, por ter se tornado muito propensa a grandes enchentes, a cidade não pode mais ser a capital do país. A nova capital da Indonésia será construída em um terreno mais alto na ilha de Bornéu. O custo dessa transferência será enorme, principalmente para um país de renda média com a quarta maior população do mundo, e ainda não está claro como tal processo será pago.

Os países em desenvolvimento não são os únicos afetados por esse pesadelo. Mais de noventa cidades norte-americanas, a maioria localizada no Atlântico ou na Costa do Golfo, já enfrentam enchentes constantes — e esse número dobrará até 2030. Nova York e Miami parecem ser as mais vulneráveis. Cerca de 75% de todas as cidades da Europa, especialmente na Itália, na Espanha e na Holanda, sofrerão inundações causadas pelo aumento do nível do mar. Responder a isso será extremamente caro. E esse é apenas o começo dos efeitos no clima.

As mudanças climáticas mudarão a ordem mundial. O impacto geopolítico virá da competição, migração, segurança e desigualdade.

Competição

Nos próximos anos, as mudanças atmosféricas impossibilitarão os agricultores de várias regiões de manterem as mesmas plantações cultivadas nesses lugares há séculos. Haverá uma competição mais acirrada por terras férteis, recursos pesqueiros, água doce e ar puro, todos cada vez mais escassos, gerando conflitos dentro e entre os países mais pobres. Esse tipo de disputa tem sido uma constante ao longo da história, mas a rapidez das mudanças e o aumento da escassez combinados com o crescimento populacional nos países em desenvolvimento criarão um novo tipo de crise. Nos Estados Unidos, na Europa e em muitos países ricos, avanços tecnológicos já estão aumentando o rendimento das colheitas e podem nos ajudar nas transições forçadas pelas mudanças climáticas. Mas em países emergentes, principalmente na Ásia e na África, o impacto será mais difícil de absorver.

Em fevereiro de 2019, a Índia e o Paquistão ofereceram uma prévia do futuro. Cerca de 1 em cada 6 pessoas do mundo vive na Índia, mas os indianos só têm acesso a 4% da água do mundo. A escassez também é uma ameaça constante no Paquistão. Centenas de milhões de pessoas, em ambos os lados da fronteira entre os dois países, dependem da água do rio Indo e seus afluentes, utilizando-a na agricultura, na energia hidrelétrica e no consumo. Ao todo, 235 milhões de pessoas na Índia, no Paquistão e no Nepal são abastecidas pelo rio Indo. Após um carro-bomba matar quarenta soldados indianos no território da Caxemira controlado pela Índia, em fevereiro de 2019, o ministro dos transportes da Índia anunciou planos para "interromper nossa divisão de água com o Paquistão". De imediato o Paquistão alertou que qualquer desvio de água seria uma "declaração de guerra". Caso tivesse cumprido a ameaça, a Índia teria violado o Tratado das Águas do Rio Indo — intermediado pelo Banco Mundial e assinado pelo primeiro-ministro do Paquistão e pelo presidente da Índia em 1960 — que prevê o compartilhamento desse recurso vital.

A Índia não puxou o gatilho em 2019, mas o risco de interrupção e conflito se tornará mais perigoso com o passar do tempo. Se o governo indiano acusa o Paquistão de apoiar um ataque terrorista fatal, como o fez, há poucas boas opções militares de retaliação. Os dois países têm arsenais nucleares capazes de tornar muito arriscada uma simples guerra. A água já é uma arma muito poderosa para a Índia porque não há muito a se fazer para evitar a violação de um tratado por um país que não é obrigado a cumpri-lo. E as mudanças climáticas tornarão essa água mais valiosa. É esperado que o aquecimento encolha as geleiras do Himalaia, fonte desses rios, em no mínimo um terço nas próximas décadas, e as chuvas responsáveis pela sustentação das plantações estão se tornando menos confiáveis conforme as populações crescem dos dois lados da fronteira.

Cerca de 4.000km a oeste, uma longa disputa entre o Egito, o Sudão e a Etiópia sobre as águas do Nilo é causa de medos e ameaças. Esses três países dependem do Nilo para a agricultura e a geração de eletricidade. Em 2011, uma época na qual o Egito estava distraído pela agitação da Primavera Árabe, engenheiros e trabalhadores na Etiópia começaram a construção da agora concluída Grande Represa do Renascimento Etíope, a maior usina hidrelétrica da África. Esse projeto já desviou enormes volumes de água do Nilo Azul, fonte de 85% da água do Nilo, para encher o reservatório da barragem, maior que a cidade de Londres. A Etiópia anunciou planos para abastecer o reservatório até a capacidade máxima o mais rápido possível. O Egito, onde 90% da água vem do Nilo, exigiu um ritmo mais lento para o enchimento, para evitar o impacto de uma perda repentina de água a jusante. Nessa situação, como no sul da Ásia, padrões climáticos cada vez mais voláteis e maior risco de seca tornarão a competição pelo controle do rio mais intensas.

Da mesma forma, as mudanças climáticas politizarão a produção e exportação de alimentos. Os países mais ricos dependentes de colheitas estrangeiras terão mais incentivos para comprar terras agrícolas nos países mais pobres e, como resultado, mais habitantes locais passarão fome. Em 2020, com a COVID interrompendo as cadeias de suprimentos, muitos governos se mobilizaram para proteger os suprimentos nacionais de comida. A Jordânia acumulou reservas recordes de trigo e o medo da escassez levou o Egito, o maior comprador mundial de trigo, a aumentar suas compras em mais de 50%. China e Taiwan também anunciaram planos para estoques estratégicos de alimentos. O comércio alimentício se tornará mais politizado entre lugares com excedente de calorias (aqueles que produzem mais do que consomem) como os Estados Unidos, a UE e o Brasil, e áreas com déficit calórico como a China e grande parte da África. (A Índia se juntará a esse grupo importador quando ultrapassar a China e se tornar o país mais populoso do mundo, por volta de 2026.)

Migração

Como vimos na Síria e na América Central, as mudanças climáticas já avançaram o suficiente para forçar milhões de pessoas desesperadas a se mudarem. A proximidade da Europa com a África e o Oriente Médio a deixa mais vulnerável que os Estados Unidos às enormes levas de humanos. (Dito isso, algumas das piores estimativas alertam que mais de 30 milhões de pessoas podem ir em direção à fronteira dos EUA nos próximos 30 anos.) A zona de fronteira aberta composta por 26 países na Europa, conhecida como Espaço Schengen, enfrentará seu maior teste, e novamente haverá conflitos entre as nações mais pobres do sul da Europa na linha de frente de futuras crises de refugiados, e os países mais ricos do norte, cujos cidadãos não querem ajudá-los com os valores necessários para gerenciá-las.

As mudanças climáticas terão um efeito multiplicador nessa tendência, não apenas porque o aumento do nível da água ou as alterações nas condições climáticas forçarão as pessoas as abandonarem suas terras, mas também porque os lugares onde muitos desabrigados desembarcam serão quentes, pobres e muitas vezes terão uma política tão frágil quanto os países de onde fugiram. Os países em desenvolvimento abrigam 85% dos imigrantes do mundo. A Turquia abriga cerca de 3,6 milhões dentro de suas fronteiras, a Jordânia 2,9 milhões. O perenemente instável Líbano hospeda 1,4 milhão. A crise na Venezuela empurrou 1,7 milhão de imigrantes para a vizinha Colômbia. Essas nações já eram vulneráveis a turbulências políticas mesmo antes da chegada dos refugiados.

O primeiro país a ser completamente destruído pelas mudanças climáticas será o Kiribati, a primeira "nação de refugiados", um conjunto de 33 ilhas no Oceano Pacífico e lar de cerca de 100 mil pessoas. A altitude média atual do país é de apenas 2m acima do nível do mar. Os governantes de Kiribati sabem exatamente o que vem pela frente. A elevação do mar erodirá a costa, jogará sal nas águas subterrâneas, rebaixará os recifes de coral que servem como barreiras contra tempestades e devastará o suprimento de alimentos das ilhas dependentes da pesca para viver. O aumento da temperatura e as mudanças nas chuvas também aumentarão os surtos de doenças.

Por esse motivo, em 2014 o governo do país comprou algumas terras, cerca de 2.000km ao sul, em Fiji. O plano atual é realocar os quiribatianos para esse terreno mais alto. Mas essas pessoas deslocadas não viverão mais no próprio país. Viverão sob a jurisdição do governo de Fiji, que decidirá por conta própria como acomodá-las, e a propriedade comprada não é exatamente um imóvel de primeira. É uma combinação de colinas florestais íngremes, impróprias para construção, e manguezais inadequados para plantio. A versão atual do plano não dá direito de pesca aos refugiados. São problemas sérios, mas a população de Kiribati provavelmente não crescerá além de 100 mil pessoas e há espaço suficiente para eles. Poucos refugiados fora de Kiribati serão tão afortunados quanto esses habitantes do Pacífico.

Um dia, Bangladesh (161 milhões de habitantes) enfrentará uma crise semelhante. Mais de 45 milhões de bengalis vivem em áreas costeiras propensas a enchentes. A frequência e gravidade das tempestades tropicais que afetam Bangladesh estão aumentando e o país provavelmente perderá mais de 10% de seu território nas próximas 3 décadas. Somente a elevação do nível do mar forçará mais de 18 milhões de pessoas a abandonarem suas casas.

Para onde elas irão e como serão recebidas quando chegarem lá?

Esse é um problema global. Um relatório de 2019 da Academia Nacional de Ciências dos EUA descobriu que, se as emissões globais de carbono continuarem no mesmo ritmo atual, o mundo aquecerá cerca de 5°C até o final deste século, derretendo gelo ártico e antártico suficiente para submergir áreas de cultivo de alimentos do Delta do Nilo e grande parte de Bangladesh. Cidades litorâneas como Nova York, Xangai e Londres também estariam em perigo. De acordo com estudos mais recentes, já foi feito grande progresso na redução das emissões de carbono para nos ajudar a evitar esses piores cenários, mas qualquer aumento mínimo de temperatura afetará centenas de milhões de vidas.

As mudanças climáticas impulsionarão surtos de migração nas próximas décadas em quatro grandes regiões. Primeiro, existe um corredor seco na América Central abrangendo El Salvador, Guatemala,

Honduras, Nicarágua e Panamá. Segundo, temos o Sahel, a zona de transição do deserto do Saara até as savanas úmidas do sul, onde a seca e a desertificação criam tipos de desastres econômicos e pobreza que podem se tornar um terreno fértil para o recrutamento de grupos terroristas. Essa área inclui Burkina Faso, Chade, Mali, Eritreia, Mauritânia, Níger e partes da Nigéria, Senegal e Sudão. Terceiro, o sul da Ásia formada por Índia, Paquistão, Bangladesh, Sri Lanka e Nepal, onde o aumento da temperatura e do nível do mar, ciclones mais intensos e frequentes e inundações fluviais causadas pelo derretimento das geleiras despejarão grande número de pessoas. Finalmente, os países insulares do Pacífico como Vanuatu, Tuvalu e Fiji, que enfrentam os mesmos riscos fatais de Kiribati. No auge da crise de imigrantes em 2015, havia cerca de 1,5 milhão de pessoas saindo do norte da África e do Oriente Médio. Cientistas alertaram que o aumento do nível do mar pode criar *dezenas de milhões* de "refugiados climáticos" nas próximas décadas.

Pelo menos no início, nem todas essas pessoas vão querer sair de seus países. Muitas buscarão ajuda com a família em regiões próximas. Mas algumas logo descobrirão que a escassez responsável por fazê-las abandonar suas casas é mais generalizada do que imaginavam. Elas continuarão em busca de abrigo e trabalharão em cidades superlotadas que podem se tornar barris de pólvora prestes a explodir, devido aos protestos. Como na Síria, muitas serão forçadas a seguir em direção a países mais ricos e estáveis onde talvez não sejam bem recebidas.

Não existe estrutura institucional para se preparar para uma emergência global desse tamanho — e pouca vontade política para criá-la. Em 1951, as Nações Unidas estabeleceram as condições necessárias para seus membros fornecerem asilo a refugiados. Guerra e perseguição política estão no topo da lista. Sem surpresa, as mudanças climáticas não entraram no acordo… e até agora não foram adicionadas.

Esse não é um problema teórico para as próximas décadas. A erosão nas margens dos rios destrói as casas de cerca de 200 mil bengalis todos os anos e não há regras internacionais para ajudar essas pessoas a encontrarem novos lares e começarem uma vida nova. Não há nada que as impeça de partir por conta própria para se juntarem aos 2 mil imigrantes entrando em Dhaka todos os dias, uma cidade já superlotada cujos esgotos explodem com frequência. Outras tentarão cruzar a fronteira para a Índia, onde muçulmanos estrangeiros são cada vez mais indesejados. Não podem esperar muita ajuda da Agência das Nações Unidas para Refugiados, dependente de contribuições voluntárias dos países membros para 90% de seu financiamento. Em um mundo que se recupera do impacto econômico da COVID-19, poucos países estão dispostos a fazer grandes contribuições. O governo Trump deixou claro que não tinha interesse nesse assunto e, independentemente de seu posicionamento, o presidente Biden enfrentará resistência do Congresso com qualquer plano de gastos com refugiados em grande escala. Por enquanto, os refugiados climáticos estão por conta própria. Nos próximos anos, serão numerosos demais para serem ignorados.

Revolta e Conflito

Os refugiados climáticos enfrentarão revoltas e conflitos públicos em qualquer destino. Já vimos eventos climáticos e escassez de água desencadearem conflitos políticos e revoltas violentas. Isso aconteceu na cidade boliviana de Cochabamba. Em 1999, sob o pretexto de que a organização do setor privado era necessária para garantir o uso eficiente da água, o governo boliviano leiloou o sistema de abastecimento de água de Cochabamba para um consórcio de empresas estrangeiras e os habitantes locais começaram a ser monetariamente cobrados pelo abastecimento. O governo ignorou a primeira onda de protestos iniciada pouco tempo depois da chegada das primeiras contas de água. Em fevereiro de 2000, as manifestações aumentaram. Em resposta, o governo ordenou a reversão dos aumentos, mas os manifestantes se recusaram a voltar para casa e exigiram o fim do contrato com o consórcio. A chegada das tropas provocou um derramamento de sangue.

Em solidariedade aos manifestantes, grupos de camponeses em outras partes do país começaram a bloquear estradas. O exército boliviano declarou estado de sítio em Cochabamba, mas a morte de protestantes apenas aumentou a determinação das crescentes multidões. Era o início da "Guerra da Água" da Bolívia. O consórcio bateu em retirada, investidores estrangeiros se afastaram da Bolívia e a consequente desaceleração econômica e o ressentimento público levaram à eleição de Evo Morales, o primeiro presidente indígena do país. Uma disputa pela gestão de um recurso cada vez mais precioso — neste caso, a água — ajudou a derrubar um governo, mas uma geração depois, o clima instável continua, as secas se intensificaram e a escassez de água na Bolívia prevalece.

Em 2011, enchentes inéditas na Tailândia provocaram protestos e brigas pela distribuição de suprimentos de emergência. Essas revoltas se intensificaram até os militares restaurarem a ordem em 2014, após tomarem o poder. Houve muitos fatores responsáveis por levarem a democracia além do ponto de ruptura, mas um desastre natural foi o responsável por levar os cidadãos e depois soldados ao confronto direto. As mudanças climáticas piorarão muito os problemas de "pouca água aqui e muita água ali", e as consequências políticas e econômicas resultantes derrubarão governos.

De acordo com um relatório de 2019 do World Resources Institute, dezessete países, lares de um quarto da população mundial, enfrentam níveis "extremamente altos" de estresse hídrico, uma medida do grau de disputa por água doce. As cidades, a agricultura e a indústria usam em média 80% do abastecimento de água disponível nesses países todos os anos. Um total de 44 países tem problemas com o "alto estresse".

As regiões mais vulneráveis serão o norte da África e o Oriente Médio, uma área que até 2030 terá doze dos dezessete países com escassez de água mencionados acima. Os conflitos relacionados a recursos já estão acontecendo. No Iêmen, quase 20 milhões de pessoas não têm acesso a água potável e, em 2025, Sanaa provavelmente se tornará a primeira metrópole do mundo moderno a ficar sem água. (A Cidade do Cabo ficou bem perto dessa situação em 2019, mas por ser uma cidade rica e com instituições fortes, foi capaz de reagir à crise de forma mais eficaz.) A catastrófica guerra civil do Iêmen piorou os problemas com água após muitos dos milhões de iemenitas desabrigados dentro do país migrarem para as terras altas de Ibb, a região mais fértil do país. Esse excesso de pessoas agravou a violência ao intensificar a disputa na última área rica em recursos da nação. As mudanças climáticas não criaram todos esses problemas, mas são como gasolina lançada nos já existentes fogos de conflitos étnicos, políticos e econômicos.

Até os países mais poderosos enfrentarão novas formas de disputas e conflitos. As mudanças climáticas criarão uma corrida pelo controle de novas rotas marítimas e dos recursos abundantes do Ártico, acessíveis após o derretimento das calotas de gelo. Os Estados Unidos, a Rússia e a China estão intensificando os planos de acesso a reserva de combustíveis fósseis, diamantes, níquel e platina, antes fora de alcance, um processo que levará as infraestruturas comercial e militar criadas por esses países para a região. Outras nações com território ártico já enfrentam uma pressão considerável para acomodar essa expansão.

A disponibilidade de grandes depósitos de petróleo e gás sem precedentes no Ártico reduzirá os preços dos combustíveis fósseis e convencerá alguns países a retardar a transição para as energias renováveis. Em particular, a Rússia, o quarto maior emissor de gases de efeito estufa do mundo, terá e desenvolverá diversos novos campos de petróleo e gás, e operará muitos dos navios responsáveis pelo transporte de combustível na Rota do Mar do Norte, área de transporte do Ártico com maior tráfego. O governo russo, já resistente a um afastamento global dos combustíveis fósseis, terá ainda mais motivos para postergar uma ação climática agressiva.

De modo geral, o aumento de tráfego de navios-petroleiros no Ártico aumentará o ritmo dos danos ambientais e do aquecimento. O derretimento liberará enormes quantidades de carbono, no momento preso no gelo. Apenas parte da tundra siberiana e do Canadá armazenam cerca de 1,7 teratoneladas de carbono, o dobro da quantidade atual na atmosfera. A liberação de grandes quantias desse gás dificultará mais a contenção do aquecimento.

Apartheid Climático

Assim como a crise de refugiados de 2015-2016 causou disputas entre os países ricos do norte e os países endividados do sul da Europa, e como a COVID-19 atingiu mais os países e pessoas pobres, as mudanças climáticas criarão uma divisão entre as nações desenvolvidas e as em desenvolvimento — e entre ricos e pobres dentro das nações. De acordo com alertas de especialistas da ONU, os países mais pobres arcarão com pelo menos 75% dos custos de restauração das infraestruturas danificadas pelas mudanças climáticas, pela gestão de refugiados e alimentação de um número maior de pessoas passando fome, embora a parte mais pobre da população mundial gere apenas 10% das emissões globais. O resultado será o "apartheid climático", um termo criado por Philip Alston, relator especial da ONU sobre pobreza extrema e direitos humanos, conforme os países mais ricos — e as pessoas mais ricas dentro das nações mais pobres — constroem novos tipos de barreiras para protegerem suas riquezas. Meio século de redução de pobreza e crescimento de uma classe média global podem desaparecer em apenas alguns anos à medida que o clima aumenta ainda mais a distância entre ricos e pobres em todo o mundo.

Os Perigos da Geoengenharia

Em um mundo em que líderes mundiais dizem aos eleitores que muros podem protegê-los de ameaças estrangeiras, alguns governos recorrerão a novas tecnologias capazes de oferecer curas milagrosas sem sacrifício. Os cidadãos, felizes em ouvir sobre soluções rápidas e baratas, ficarão ansiosos para experimentá-las.

Um processo conhecido como "geoengenharia" ou "engenharia climática" foi criado para resolver o problema do carbono na atmosfera por meio de manipulação do clima. O método de "branqueamento de nuvens" ou "clareamento de nuvens" consiste em pulverizar gotículas pressurizadas de água do mar e sais dissolvidos no ar acima da terra e do mar, criando cristais de sal e novas gotas de água com objetivo de aumentar a cobertura de nuvens sobre os oceanos para refletir a radiação solar de volta ao espaço. Outros projetos são desenvolvidos para liberar enxofre na estratosfera e produzir um efeito semelhante ao branqueamento de nuvens, mas o alcance é distante demais da superfície da Terra. Mas agora os cientistas estão questionando a viabilidade e a ética desses planos, principalmente aqueles planejados para serem executados apenas dentro dos limites de alguns países. Pulverizar aerossóis de sulfato na exosfera com o objetivo de resfriar a Terra ao refletir a radiação solar de volta ao espaço é arriscado. É bem mais barato que cortar drasticamente as emissões de carbono (diminuir as emissões de forma repentina seria equivalente a desacelerar o desenvolvimento e provavelmente acabar com os empregos). Mas não sabemos os perigos potenciais ou se esses métodos podem realmente funcionar.

Ou talvez possamos continuar a produzir CO2, mas desenvolver ferramentas para "capturar" grande parte dele antes de atingir a atmosfera. Em seguida, precisaremos de um lugar seguro para guardar tudo. Esse procedimento é como coletar lixo e depois enterrá-lo em um aterro sanitário. Mas a desvantagem, além do custo, é que esse carbono provavelmente será armazenado em países pobres que precisam do dinheiro pago por esse estoque; além disso, as pessoas pobres serão mais propensas a sofrer com um possível vazamento de carbono. Outra possibilidade seria despejar muito pó rico em ferro nos oceanos para causar a proliferação de plâncton, organismos aquáticos capazes de absorver esse carbono. A desvantagem, de acordo com alguns cientistas, é que esse método pode matar muitas formas de vida oceânica, ao remover oxigênio da água sem absorver muito carbono.

Ninguém conhece os efeitos de longo prazo dessas tecnologias ou como usá-las em um país poderá afetar os vizinhos. Não compreendemos a adaptabilidade da atmosfera terrestre o suficiente para permitir que os governos, de maneira individual, testem teorias capazes de ter efeitos globais (talvez permanentes). Há um bom motivo para usar modelagem computacional nas pesquisas e investir nessas ideias, principalmente para entendermos as consequências, caso alguns países decidam agir por conta própria. Mas em um mundo G-Zero, em que os países têm liberdade para gerenciar desafios globais baseados somente em seus próprios interesses, podemos não ter respostas antes de danos irreversíveis.

E já que estamos no assunto da abordagem de cada nação por si para o futuro, o que acontece se um governo transformar essas novas ferramentas em armas? Se pesquisadores descobrirem uma maneira de criar um ecossistema mais saudável em um país, também podem encontrar formas de prejudicar os outros. E caso acreditem *ser capazes* de destruir um país desse jeito, com impacto desconhecido em mais países vizinhos e em todo o ecossistema global, nada os impedirá de fazê-lo. Essa ameaça por si só é suficiente para desencadear uma perigosa corrida armamentista climática.

O CLIMA PODE SER A CRISE DE QUE PRECISAMOS?

O sucesso no combate contra as mudanças climáticas dependerá de um profundo respeito pela aplicação da lei — nesse caso, as leis da física e da química. Mas nenhuma solução tecnológica fará a diferença entre a vida e a morte dos milhões que enfrentarão os piores efeitos do monstro criado por todos nós. Para limitar as mudanças climáticas e as catástrofes subsequentes, compartilhando as responsabilidades de forma justa entre as nações ricas e pobres, os maiores emissores de carbono do mundo — Estados Unidos, União Europeia, China, Índia, Brasil e outros — devem deixar de lado as diferenças em outros assuntos e trabalhar juntos. Devem compartilhar informações livremente e coordenar seus planos. Também precisam dividir a responsabilidade pelos custos e riscos envolvidos na obtenção desse direito. *Devem* fazer essas coisas, pois se não fizerem, todos sofrerão as consequências.

Há motivos para otimismo nesse aspecto. O Pacto Ecológico Europeu impulsionou a Europa à posição de líder no quesito clima, ao destinar enormes quantias de dinheiro para a meta de zero emissões. Em 2020, os governos da UE e o parlamento europeu entraram em consenso sobre um pacote orçamentário de €1,8 trilhão, incluindo um acordo de que 30% desse dinheiro será gasto na redução das mudanças climáticas. Mais de 115 outros países prometeram neutralidade na emissão de carbono até 2050, e recentemente a China prometeu chegar lá antes de 2060. Mesmo sem os EUA, essas nações são responsáveis por mais da metade das emissões de carbono e do PIB do mundo. Os credores internacionais também anunciaram metas. Bancos multinacionais de desenvolvimento prometeram empréstimos coletivos de no mínimo US65 bilhões até 2025 para a contenção e adaptação das mudanças climáticas, com US$50 bilhões direcionados a países de baixa e média renda.

Outra grande mudança nesta década veio dos EUA. A decisão de Donald Trump de retirar os EUA do acordo climático de Paris não acabou com o tratado e o presidente Biden rapidamente reverteu a decisão de Trump. A política climática é a maior diferença entre as presidências de Trump e Biden. Trump, oscilando entre indiferença e negação, priorizou a desregulamentação para a indústria de combustíveis fósseis. Mesmo quando candidato, Biden arriscou a ira dos eleitores nos estados produtores de petróleo e tornou o clima o principal assunto de sua campanha. Como presidente, prioriza o apoio a empréstimos internacionais visando atingir metas de sustentabilidade. O retorno ao acordo de Paris compromete os Estados Unidos a atingir o objetivo de zero emissões até 2050. Esse comprometimento fornecerá novos investimentos importantes para indústrias, infraestruturas, energia e tecnologias ecológicas.

Também há espaço para otimismo em relação à China. A liderança do Partido Comunista reconhece que a busca pela meta de zero emissões oferece grandes oportunidades para o país, há décadas dependente de combustíveis fósseis importados. Muitas dessas importações vêm do Oriente Médio, uma região sempre sob risco de revoltas e cujos principais atores ainda buscam, na maioria dos casos, garantias de segurança dos Estados Unidos. A China tem uma forte relação comercial com a Rússia, a maior exportadora de energia, mas os laços são transacionais e o maior produtor de petróleo atual do mundo são os Estados Unidos. Há muitas vantagens para a China em um mundo pós-combustível fóssil, pois sua falta de recursos naturais não a deixa mais vulnerável a governos estrangeiros e instabilidade geopolítica.

A China está tentando se tornar líder industrial e definidora de padrões das tecnologias solares e eólicas, como também da cadeia de suprimentos de veículos elétricos. E sua economia estatal permite grandes investimentos em empresas capazes de atingir esses objetivos. O reconhecimento dessa oportunidade pode aumentar a concorrência com governos e empresas ocidentais. Ou a cooperação. Ou ambos. Independente da escolha feita por esses líderes, referente ao trabalho conjunto com outros governos, pelo menos a China tem um claro interesse em seguir na mesma direção das outras principais economias do mundo.

Algumas das maiores empresas do mundo fizeram suas próprias promessas sobre o carbono. A Amazon promete ser neutra em emissões de carbono até 2040. A Apple se comprometeu com a neutralidade de carbono em toda a sua cadeia de fornecimento de negócios e manufatura até 2030, e exige que todos os seus fornecedores assumam o compromisso de usarem "energias 100% renováveis na produção da Apple" dentro de dez anos. A Microsoft prometeu ser carbono negativa até 2030, e até 2050 terá removido do meio ambiente uma quantidade de carbono igual ou total de suas emissões desde sua fundação. O Google se comprometeu a estender o status neutro em carbono à sua cadeia de suprimentos. Em setembro de 2020, a Business Roundtable, uma organização lobista representante de mais de duzentas grandes corporações dos EUA, endossou um plano para reduzir as emissões de gases de efeito estufa dos EUA em 80% abaixo dos níveis de 2005 até 2050, conforme previsto no acordo de Paris, e declarou apoio à precificação do carbono, um processo para limitar as emissões forçando os emissores a pagar por elas. Essa é uma mudança drástica em relação aos posicionamentos anteriores da comunidade empresarial dos EUA sobre esse tópico.

Além disso, o custo da energia renovável está caindo mais rápido que o previsto pelos especialistas há cinco anos. As energias renováveis são uma parte crucial de qualquer estratégia convincente para atingir a meta de zero emissões. Além de ajudar a reduzir a emissão de carbono e limpar o ar poluído, também se tornaram mais baratas que os combustíveis fósseis em muitas partes do mundo.

Aqui estão algumas coisas que os líderes mundiais podem fazer a seguir...

Em primeiro lugar, os líderes dos países aptos a ter uma maior contribuição no enfrentamento desse desafio comum devem aceitar que as mudanças climáticas colocam em perigo os humanos em todos os países da Terra e que, somente por meio de cooperação, comprometimento e coordenação podemos evitar desastres capazes de destruir a vida de centenas de milhões de pessoas. Promessas e metas não são suficientes. Os líderes precisam de coragem e imaginação para trabalharem juntos, além das fronteiras e ao longo das décadas, para limitar os danos coletivos infligidos por nosso passado no nosso futuro coletivo.

Os países menores também têm um papel a desempenhar. Os líderes de nações insulares ameaçadas como Fiji, Bahamas, Ilhas Marshall e Maldivas se uniram para moldar o debate climático. Coletivamente, ajudaram a elaborar o acordo climático de Paris e mantiveram os Estados Unidos, a China, a Índia e o Brasil na conversa quando as negociações ameaçaram sair do rumo. Em 2017, Fiji sediou um encontro internacional de líderes mundiais para discutir as mudanças climáticas, um movimento útil para esses líderes verem com os próprios olhos o que está por vir.

Definição de Regras

Novas regras não podem vir apenas do governo — e aqui estão as boas notícias. Grande parte do impulso em direção a políticas limitadoras das mudanças climáticas partiu de governos externos conforme ondas de calor, secas, incêndios florestais e outras emergências locais aumentaram o apoio público a ações mais ousadas. Infelizmente, artigos de revistas sobre nações insulares desaparecendo sob as ondas não foram suficientes para mudar milhões de mentes. Porém, conforme os cidadãos dos países mais ricos começam a ver o impacto em suas vidas, as empresas que atendem a esses consumidores passaram a enxergar vantagens em parecer se importar com a ação climática. Bancos e casas de análise de investimentos, muitos deles focados em tendências de longo prazo, começaram a redirecionar dinheiro dos combustíveis fósseis para as chamadas metas de investimento ASG (ambiental, social e governança), por razões de reputação e por serem uma provável fonte de lucros futuros. Em resposta, empresas de capital aberto enfrentaram uma pressão sem precedentes para entrarem no "padrão ASG". Ao tomar esse tipo de atitude, o setor privado torna politicamente mais seguro para os governos adotarem políticas climáticas mais ousadas.

Afinal, quando investidores estão propensos a recusar financiamentos ao carvão, fica mais fácil para os líderes políticos deixarem de emitir licenças de carvão.

Então, veio a pandemia e um extraordinário impacto econômico global que desferiu um golpe histórico nos negócios tradicionais. As empresas de tecnologias que nos permitem trabalhar, socializar, fazer compras e pesquisar informações online, já mais focadas no uso de energia renovável, colheram os benefícios. Para gerenciar as consequências econômicas da COVID, os governos investiram enormes quantias de dinheiro em assistência e recuperação, acelerando a transição para uma economia renovável. Não podemos ignorar o poder da inovação e dos mercados ocidentais para lançarem tecnologias inimagináveis capazes de proporcionar grandes mudanças. Afinal de contas, em 1991, poucos imaginariam que a montadora mais valiosa do mundo em 2022 seria uma estreante fabricante de carros elétricos, a empresa comandada por um CEO cujo nome do filho é X Æ A-12 Musk.

Pesquisa e Desenvolvimento Conjuntos

A cooperação internacional durante a COVID-19 incluiu o início da coordenação transfronteiriça na pesquisa de vacinas e uma cadeia global de suprimentos para distribuir imunizantes. O mundo precisa de um trabalho coordenado de pesquisa e desenvolvimento de tecnologias climáticas. Assim como aconteceu com a vacina da COVID, não precisa ser apenas um único projeto. A disputa entre grupos para ver quem será o primeiro com inovações revolucionárias na captura de carbono, avanços em energia renovável, novas tecnologias de produção de alimentos e outras invenções pode ser positiva, desde que tenham resultados vantajosos para todos. O investimento nesses projetos pode ser financiado internacionalmente para garantir a divisão de custos e benefícios. A colaboração entre governos também pode minimizar o risco de transformar qualquer uma dessas inovações em armas para beneficiar um país à custa de outro.

Avanços em tecnologia ecológica e gestão climática devem ser compartilhados com os países em desenvolvimento pelo mesmo motivo pelos quais as vacinas devem ser divididas: como mostram os fluxos de refugiados, uma crise em um país pode rapidamente desencadear uma emergência em outros. Tal como aconteceu com a pandemia, não podemos enfrentar o desafio das mudanças climáticas em qualquer lugar até o enfrentarmos em todos os lugares.

Gerenciando o Carbono

Para estabelecer uma nova estrutura de cooperação internacional sobre o clima precisamos de uma entidade similar à Organização Mundial do Comércio, algo como uma Organização Mundial do Carbono — uma agência responsável pela regulamentação e supervisão do comércio internacional de créditos de carbono e fornecimento de uma contabilidade precisa das emissões e remoções de carbono quando essas tecnologias se tornarem viáveis em larga escala. Essa é a única maneira de termos certeza de que os governos estão sendo honestos conforme avançamos em direção a um mundo com zero emissão.

A luta contra as mudanças climáticas também exigirá um esforço internacional conjunto para desencorajar as emissões de carbono ao torná-las mais caras. O caminho mais curto para esse objetivo envolve a precificação do carbono. Essa não é uma ideia nova e os planos de precificação de carbono, seja na forma de impostos ou comércio de emissões, fracassaram por muitas razões. No passado, as indústrias com maior possibilidade de serem afetadas por eles usaram a força financeira e política para derrotá-los. Esse trabalho foi facilitado pela falta de alternativas ao carbono com bom custo-benefício. Outro problema: alguns governos se recusam a taxar o carbono porque querem dar às suas indústrias locais uma vantagem competitiva em relação às que pagam impostos mais altos em outros países.

Companhias aéreas, montadoras de automóveis e outras empresas dependentes de combustíveis fósseis acessíveis ainda estão se recuperando dos golpes devastadores causados pela COVID-19. Essas indústrias precisam de ajuda financeira e não de maiores impostos. Dito isso, podem ser induzidas a aceitar impostos mais altos no futuro em troca de um auxílio financeiro imediato, principalmente se os valores das taxas aumentarem somente após os recursos dos impostos iniciais serem destinados ao desenvolvimento de alternativas acessíveis de hidrocarbonetos. Afinal, o objetivo final de um imposto sobre carbono não é tornar os negócios mais caros. É incentivar a indústria a mudar para formas mais limpas de energia. As empresas não podem fazer isso até essas formas de energia serem pelo menos tão baratas quanto as contas de energia atuais.

Isso também deve ser um esforço internacional combinado. Caso contrário, criaremos um sistema no qual os governos menos preocupados com as mudanças climáticas podem angariar negócios à custa dos mais conscientes — sem redução na quantidade de carbono liberado na atmosfera. A Europa, mais uma vez, está liderando a precificação do carbono — com um esquema de comércio de emissões e um plano de imposto de carbono na fronteira da UE, capaz de incentivar a coordenação europeia com o governo Biden em uma estratégia conjunta para superar a oposição chinesa a essas e a outras ideias úteis. A Coreia do Sul, a África do Sul, o México e o estado da Califórnia têm projetos semelhantes em andamento. A China anunciou planos para um mercado nacional de carbono para sua indústria de energia notoriamente ineficiente. A COVID atrasou a expansão desses projetos, mas eles podem ganhar força conforme as economias continuem se recuperando. Em muitos países, os impostos sobre o carbono se tornarão mais populares entre os gestores políticos que desejam aumentar a receita para a recuperação da COVID sem aumentar os impostos pagos pelos eleitores.

O setor privado terá um papel crucial a desempenhar. As maiores corporações de petróleo do mundo têm os recursos, a experiência e a dimensão para avançar no desenvolvimento de energias renováveis e na captura de carbono. Essa pode ser a única maneira de permanecerem no mundo dos negócios. Elas também enfrentam uma enorme pressão de governos e tribunais para fazerem mais. Em 2021, um tribunal holandês ordenou que, até 2030, a Shell reduzisse suas emissões de carbono em 45% em relação aos níveis de 2019. Foi a primeira sentença de um tribunal obrigando uma empresa privada a cumprir o acordo climático de Paris. Acionistas usaram o poder do voto para forçar a ExxonMobil e a Chevron a adotar ações climáticas mais ousadas.

As empresas podem pressionar os governos por uma legislação climática mais rigorosa como alguns grupos empresariais dos EUA fizeram por meio do apoio à precificação do carbono. Ao se anteciparem nesse assunto, as corporações têm melhor chance de moldar a legislação e melhorar sua imagem pública. Ainda mais importante, ao pressionar os governos a definir taxas sobre o carbono, podem criar um ambiente de investimento mais previsível para si mesmas. Quanto mais cedo souberem quais serão os custos e oportunidades, melhor.

Assim como muitas empresas mudaram a produção e focaram equipamentos de proteção individual ou partiram para o negócio de distribuição de vacinas, e as empresas de tecnologia criaram ferramentas capazes de ajudar cientistas a testar novos medicamentos e rastrear infecções em todo o mundo, as empresas de petróleo e gás também podem projetar novos biocombustíveis e produtos químicos para ajudar a reduzir as emissões. Empreendedores mais arrojados podem esperar grandes lucros e vantagens competitivas futuras.

As empresas têm seus próprios riscos baseados no clima para gerenciar. Aquelas com verdadeiro poder de mercado podem ajudar a promover mudanças positivas por conta própria. Em 2020, o gigante do varejo Walmart prometeu não apenas reduzir as próprias emissões de carbono para zero até 2040, mas também exigir a descarbonização de todos em sua cadeia de suprimentos. A empresa multinacional de bens de consumo Unilever está usando imagens de satélite e dados de geolocalização para "alcançar uma cadeia de suprimentos livre de desmatamento até 2023". Essas e outras centenas de grandes companhias também podem exercer pressão sobre seus parceiros e concorrentes para manter o ritmo e aliviar a pressão sobre cada empresa de maneira individual para maximizar os lucros trimestrais à custa de um investimento inteligente de longo prazo.

A Salesforce, gigante no setor de software, anunciou no início de 2020 que "apoiaria e mobilizaria a conservação e restauração de 100 milhões de árvores na próxima década" como parte da iniciativa 1t.org, o plano do Fórum Econômico Mundial para conservar, restaurar e plantar 1 trilhão de árvores até 2030. A Salesforce também está contribuindo com sua formidável tecnologia de logística para o desafio organizacional representado por esse plano, que criará oportunidades para a empresa enquanto ganha crédito com o público e os grupos da sociedade civil responsáveis pela classificação das companhias, de acordo com a responsabilidade social corporativa.

Árvores

Pessoas e árvores vivem em harmonia: inalamos o oxigênio e exalamos dióxido de carbono enquanto as árvores absorvem dióxido de carbono e produzem oxigênio. Isso ajuda a explicar por que as mudanças climáticas são agravadas pelo corte de árvores em prol da agricultura ou exploração de madeira na Amazônia, na República Democrática do Congo, na Indonésia e em outros lugares. Menos árvores absorvem menos dióxido de carbono e árvores cortadas e queimadas liberam o carbono armazenado dentro de si no ar. As mudanças climáticas estão piorando esse problema ao gerar secas em algumas áreas que se tornam propícias para incêndios florestais. Segundo estimativas de pesquisadores da

ONG Global Forest Watch, a perda de floresta tropical durante 2019 liberou mais de 2 bilhões de toneladas de dióxido de carbono. Isso é mais que as emissões de todos os automóveis nos Estados Unidos naquele ano.

O Brasil foi responsável por cerca de um terço de todo o desmatamento do mundo em 2019. O presidente Jair Bolsonaro, de modo agressivo, removeu as proteções legais sobre terras em benefício de investidores de mineração e agricultura em larga escala. Quando os líderes mundiais apontam as implicações climáticas e criticam suas ações, ele diz para cuidarem dos próprios problemas — afinal, esses países mais ricos falharam em agir quando eram suas empresas causando os danos ambientais responsáveis por nossa situação atual. O território amazônico do país e o que acontece nele são, insiste ele, problemas do Brasil. Porém, assim como as ameaças sobre o acesso à água entre fronteiras feitas entre a Índia e o Paquistão ou entre a Etiópia, o Egito e o Sudão, a floresta amazônica afeta o clima de todo o planeta.

Se os países mais poderosos do mundo virem o problema com essas condições, podem persuadir o presidente do Brasil a mudar de tom. Respeitando a soberania brasileira, podem investir na proteção da floresta tropical remanescente e no reflorestamento de áreas destruídas. O Brasil (e a Bolívia) podem colher recompensas como administradores desse recurso global insubstituível. Em países mais pobres como a República Democrática do Congo, madeireiros e empresas madeireiras criaram as próprias leis. Eles literalmente têm mais poder de fogo do que quem os faria cumprir a lei. Países mais ricos, principalmente a China faminta por recursos, se beneficiam de algumas dessas atividades ilegais. Assim como as forças internacionais de paz preservam a ordem em muitas zonas de conflito, um contingente semelhante pode fazer cumprir as leis destinadas a prevenir o desmatamento, além de plantar e proteger novas árvores.

Quem Paga?

Claro, todos esses planos custarão muito dinheiro e a maneira mais inteligente de financiá-los é por meio da divisão de custos entre os países mais ricos do mundo. Como sempre, é mais fácil falar do que fazer, mas esses governos precisarão gastar trilhões para resolver e reparar os danos causados pelas mudanças climáticas ao longo do tempo. É mais barato dividir os custos do investimento em uma estratégia global para limitar as mudanças climáticas agora do que arcar por conta própria com o custo de socorrer cidades, empresas, indústrias, trabalhadores e cidadãos desabrigados após os piores efeitos das alterações do clima.

Pense desta forma: se um governo pudesse investir uma grande quantia de dinheiro para transformar um furacão de categoria 5 em categoria 1, em vez de gastar uma quantia enorme na devastação subsequente à supertempestade, não deveria fazê-lo? Infelizmente, algumas pessoas se recusam a acreditar na existência da tempestade, entender o verdadeiro tamanho de seu poder ou pensam ser um problema apenas das pessoas com o azar de viver no futuro. E claro, alguns ainda lucram, econômica e politicamente, ao ignorarem a tempestade. Porém, conforme os sinais de alerta se tornarem mais evidentes, será mais difícil para a maioria dos governos negar o inegável. E cada vez mais empresas e investidores estão reconhecendo a necessidade de mudar os modelos de negócios para as empresas continuarem lucrativas. A cooperação internacional já é maior do que há algumas décadas, tanto no nível governamental quanto nas bases, mas ainda não está claro se qualquer um deles fará muitos avanços ou se conseguirão agir a tempo.

Governos nacionais e municipais podem gastar com preparativos para o aumento do nível do mar nas cidades e para tempestades mais frequentes nas comunidades costeiras. Também podem investir para proteger outras partes de seu território do impacto de padrões climáticos instáveis. Mas o financiamento internacional será fundamental em projetos conjuntos de pesquisa e desenvolvimento sobre captura de carbono, novas fontes de energia e proteções multinacionais para florestas, água e outros recursos naturais. Também será necessário para ajudar as pessoas em países cujos governos não têm recursos para protegê-los.

Direitos dos Refugiados

Em 2013, um homem chamado Ioane Teitiota pediu asilo para si e sua família na Nova Zelândia. Ele alegou ser impossível continuar vivendo em Kiribati por causa das mudanças climáticas. Quando a Nova Zelândia rejeitou seu pedido, ele apelou ao Comitê de Direitos Humanos da ONU, pedindo para ser classificado como refugiado climático. Ele explicou que a ilha onde morava estava superlotada, pois o aumento do mar tornava impossível viver nas ilhas próximas. A superlotação, disse, criou tensões sociais, crimes violentos, escassez de água e uma variedade de problemas de saúde. Citou estudos com previsões sobre Kiribati se tornar inabitável dentro de dez a quinze anos e perguntou ao comitê se ele realmente precisava esperar até estar com água até a cintura para poder ter os direitos e proteções de um refugiado.

Em janeiro de 2020, o comitê da ONU negou o pedido de Teitiota. Argumentou que Kiribati, com a ajuda da comunidade internacional, ainda poderia realocar as pessoas desabrigadas de forma ordenada. Mas o comitê também tomou outra decisão crucial, embora esse caso em particular ainda não atenda ao padrão, sobre os governos não poderem devolver pessoas a países onde suas vidas possam ser ameaçadas por mudanças climáticas. Essa decisão não ajudou Teitiota (ou pelo menos ainda não), mas reconheceu as dificuldades perigosas impostas pelas mudanças climáticas a muitas pessoas e as responsabilidades sob o direito internacional de proteger os refugiados climáticos dos países.

O risco de 200 milhões de refugiados climáticos em 2050 é o pior cenário, mas mesmo nos melhores cenários, milhões de pessoas perderão suas casas. Se os líderes europeus pudessem ter se planejado com antecedência para a guerra civil na Síria e a crise migratória de 2015-2016, esse desastre teria matado menos pessoas e causado menos sofrimento humano, econômico e político em dezenas de países. Os líderes mundiais devem começar a se planejar agora para uma crise maior no futuro.

Esses preparativos não devem apenas proteger os afortunados dos desafortunados. Essa abordagem é imoral e inviável. É imoral porque as pessoas mais pobres do mundo não criaram esse problema, mas serão as mais afetadas. É inviável porque os refugiados de longo prazo dentro das fronteiras de outros países criarão turbulência econômica e política nos países onde ficarão hospedados, e os efeitos colaterais se espalharão para quase todas as demais nações.

Por isso, os governos do mundo precisam criar um acordo internacional com os direitos dos refugiados climáticos. As Nações Unidas não têm poder para forçar os países a respeitarem as leis internacionais de direitos humanos ou a decisão de seu comitê no caso Teitiota. Para ter uma divisão de responsabilidades capaz de evitar o caos para todos, um novo pacto multilateral é a melhor alternativa, mas é difícil ser otimista sobre esse assunto.

Um Plano Marshall Ecológico

Em 2019, a deputada Alexandria Ocasio-Cortez e o senador Edward Markey propuseram um plano conhecido como Novo Acordo Ecológico (Green New Deal em inglês), uma resposta ambiciosa às mudanças climáticas com o objetivo de reduzir as emissões de gases de efeito estufa, migrar o uso de energia dos EUA de petróleo e gás para fontes renováveis, criar um grande número de empregos na crescente indústria de energia limpa e abordar problemas de desigualdade econômica e injustiça racial. É uma legislação importante projetada para resolver problemas importantes, embora, a menos que seja financiada quase inteiramente por empréstimos, os aumentos de impostos da classe média necessários para tirá-la do papel a tornariam inviável em Washington.

Porém, existe uma grande limitação no novo acordo ecológico: essa é uma abordagem nacional para um problema global. E, como vimos, as mudanças climáticas não são uma ameaça apenas aos Estados Unidos.

Precisamos de um Plano Marshall Ecológico, um projeto global financiado pelo governo capaz de promulgar princípios semelhantes em todo o mundo. Os Estados Unidos e a China não precisam concordar sobre o governo de Hong Kong, sobre como as fronteiras marítimas no Mar da China Meridional devem ser delimitadas ou como a democracia deve funcionar. Mas precisam entrar em consenso sobre a urgência de investir em planos de energia para limitar os danos das mudanças climáticas que afetarão a todos nós.

O grande obstáculo do sucesso de um Plano Marshall Ecológico é criar um mecanismo para fornecer "crédito climático" em troca dos investimentos feitos pelos países. Para incentivar os financiamentos de investidores públicos e privados no desenvolvimento ecológico em outros países é necessário um retorno como créditos com a permissão de maiores emissões. (A atmosfera não se importa se uma tonelada de CO2 vem de Boston ou de Bangalore.) Essa não é uma ideia nova. O Protocolo de Kyoto, de 1997, tentou mas não conseguiu, pois poucos países confiavam no sistema de manutenção de pontuação. Conforme o senso de urgência sobre o aquecimento aumenta e os detalhes do plano são refinados, muitos governos estão prontos para revisitar essa ideia, princípio por trás da Organização Mundial do Carbono, mencionado anteriormente. Um número crescente de empresas do setor privado decidiu não esperar. Elas acreditam que, ao ajudar a levar o planeta a zero emissões, podem melhorar sua reputação com o público e os reguladores governamentais. Enquanto isso, Mark Carney, emissário especial da

ONU pela ação climática, está tentando impulsionar os esforços criando "mercados voluntários de carbono".

A COVID-19 impulsionou a cooperação entre fronteiras sobre as mudanças climáticas. Apresentou um problema global imediato e incapacitante, forçando muitos governos, o setor privado e as organizações da sociedade civil a trabalharem juntos. Sem a iniciativa COVAX, por exemplo, os problemas de acúmulo de vacinas e desigualdade entre nações ricas e pobres teriam sido piores. A disposição de alguns países de exportar suprimentos excedentes de vacinas — como os EUA fizeram com os vizinhos México e Canadá e como os EUA, o Japão, a Índia e a Austrália fizeram com outros países asiáticos — criou um plano de sacrifício compartilhado em um grande momento de crise política e econômica para todos esses países.

A pandemia também enfatizou o valor da ciência. Um número chocante de pessoas ainda vê a ciência como uma farsa usada por falsos especialistas para roubar sua liberdade e dignidade, mas em todo o mundo ficou evidente que, durante a COVID, os cientistas, as empresas inovadoras e indivíduos engenhosos criaram soluções para ameaças incomuns. Isso será importante conforme o impacto das mudanças climáticas se torne mais evidente para um número maior de pessoas.

Talvez o maior impulso dado pela COVID ao combate às mudanças climáticas tenha sido o fim da presidência de Donald Trump. Trump não se importava com o aquecimento e isso afastou alguns dos incentivos de muitos líderes mundiais que poderiam oferecer o comprometimento e sacrifício necessários para cumprir a meta de zero emissões. De várias formas, Washington e Pequim se esquivaram da responsabilidade da liderança nessa crise. Mas antes, durante e depois da cúpula da COP26 em Glasgow, em novembro de 2021, a péssima realidade cada vez mais inevitável da crise climática, acompanhada pelo aumento da pressão de ativistas climáticos, levou outros governos e grandes corporações a tomar medidas mais agressivas. O que não é suficiente para resolver o problema G-Zero/zero emissões. Os EUA continuam com um cenário político disfuncional. A relação entre os EUA e a China ainda está indo na direção errada. Muitos países em desenvolvimento ainda lutam contra a COVID e esperam por vacinas prometidas. Mas talvez nosso sucesso limitado em impulsionar a cooperação no combate à COVID possa nos preparar para fazer muito mais pelo clima.

As mudanças climáticas não são uma invasão alienígena. Nós causamos esse problema. Somente um esforço global pode limitar os danos. Mas se os líderes mundiais puderem enfrentar o desafio antes de ser tarde demais, terão criado as bases para o trabalho cooperativo contra a maior e mais insidiosa ameaça de todas — o impacto das tecnologias disruptivas em nossas vidas.

CAPÍTULO 4

TECNOLOGIAS DISRUPTIVAS

Na introdução, escrevi sobre a COVID ter iniciado uma guerra que ninguém venceu. Corrigirei essa declaração. A tecnologia venceu, especificamente os fabricantes de novas tecnologias disruptivas e todos os seus beneficiários. Antes da pandemia, os políticos norte-americanos estavam irritados com as principais empresas de tecnologias do país. De acordo com os republicanos, a nova mídia era tão tendenciosa contra eles quanto a mídia tradicional e exigiam alguma ação. Os democratas alertaram que gigantes da tecnologia como Amazon, Facebook, Apple, Alphabet e Netflix haviam acumulado muito poder de mercado e, consequentemente, político, a ponto de os cidadãos perderem o controle de como essas empresas usam os dados gerados, sendo melhor dividir essas corporações em negócios menores e menos perigosos. Os governos europeus lideraram o chamado *techlash*[1] contra

[1] Sentimento negativo causado pelas grandes empresas de tecnologia na vida das pessoas

as potências tecnológicas norte-americanas sob a acusação de violação da privacidade de seus clientes.

A COVID não pôs fim a nenhuma dessas críticas, mas lembrou aos gestores de políticas públicas e cidadãos como as tecnologias digitais se tornaram indispensáveis. As empresas sobreviveram à pandemia ao permitirem que trabalhadores conectados à internet acessassem seus sistemas de casa. Consumidores evitaram possíveis infecções comprando online. Drones foram especialmente criados para colaborar com o fornecimento de remédios essenciais em países ricos e pobres. Avanços na telemedicina auxiliaram cientistas e médicos a entenderem e combaterem o vírus. A inteligência artificial ajudou hospitais a preverem a quantidade necessária de leitos e respiradores. Um aumento nas pesquisas do Google, com frases que incluíam sintomas específicos, ajudou autoridades de saúde a detectar surtos em lugares onde médicos e hospitais eram poucos e distantes. A IA desempenhou um papel crucial no desenvolvimento da vacina ao absorver toda a literatura médica disponível para identificar conexões entre as propriedades genéticas do vírus e a composição química, além dos efeitos dos medicamentos existentes.

O rastreamento de contato e os aplicativos de smartphone com a opção de rastrear se as pessoas haviam entrado em contato com outras, diagnosticadas como positivo para o vírus, ajudaram a conter a disseminação conforme os pesquisadores corriam para desenvolver vacinas. Na China, os aplicativos ajudaram a combater a COVID fornecendo informações detalhadas sobre aonde ir para ficar em quarentena, rastreando onde cada pessoa esteve e fornecendo um status codificado por cores atribuídas de acordo com o risco representado por algumas pessoas, limitando seu deslocamento com base nessa situação. As autoridades também usaram dados de GPS e telefonia para evitar trapaças. Uma pessoa marcada com um código de baixo risco podia se deslocar com liberdade enquanto os bloqueios em outros países confinavam quase todas as pessoas independentemente de seu estado de saúde.

Essas tecnologias estavam em desenvolvimento há anos, mas a COVID e suas variantes aceleram as coisas e nos arremessaram para o futuro.

Mas seria insensato simplesmente celebrar esses novos desenvolvimentos sem examinar a próxima geração de riscos representados por eles. Algumas dessas novas tecnologias disruptivas, aquelas capazes de alterar a maneira como vivemos, criam *riscos de desumanização* — transformando a natureza do trabalho à custa dos trabalhadores, criando novas formas de desigualdade dentro e entre as nações e inventando novas formas de romper laços tradicionais entre famílias, velhos e novos amigos e pessoas de todo o mundo. Existem novos *riscos de tecnologias ilegais* conforme armamentos militares e ferramentas cibernéticas poderosas caem nas mãos de criminosos e terroristas. Há *riscos para a paz entre nações poderosas*, desfrutada desde o fim da Segunda Guerra Mundial. Neste capítulo, veremos como as novas tecnologias disruptivas criam esses três tipos de ameaça.

Como os humanos sabem há milênios, novas tecnologias são apenas ferramentas capazes de aumentar nossa qualidade de vida, destruir coisas ou, às vezes, fazer as duas coisas ao mesmo tempo. Começaremos pelo lado positivo. A pandemia foi apenas a demonstração mais recente das inúmeras maneiras como as novas tecnologias podem nos ajudar a viver vidas mais seguras, saudáveis e prósperas. Por exemplo, imagine que você é um dos 124 milhões de habitantes de Maharashtra, o segundo estado mais populoso da Índia e onde fica Mumbai, uma das cidades com maior índice de crescimento rápido do mundo. Mas você não mora em Mumbai. Sua vida é em uma cabana de um cômodo a cerca de 240 quilômetros da cidade grande. A eletricidade chegou recentemente em sua casa. Você ainda usa água de um poço próximo, cultiva a própria comida e cozinha do lado de fora. Precisa de querosene para o fogão e fertilizante para o jardim. Precisa de uma conta bancária, assistência médica de qualidade e uma educação decente para seus filhos. Como muitos outros países em desenvolvimento, a Índia oferece subsídios e serviços para os mais necessitados, mas durante a maior parte da vida, você não conseguiu usá-los porque ninguém sequer registrou seu nascimento. Você não tem nenhum documento para provar que é quem diz ser.

Por isso, você é muito grato pelo Aadhaar, um sistema de identificação biométrica com o registro da identidade de quase todos na Índia, lar de um sexto da população do planeta. Você forneceu sua impressão digital e uma varredura de íris ao governo para combinar com a foto tirada no escritório do Aadhaar. Agora você tem um número único de doze dígitos provando sua identidade e abrindo um mundo de oportunidades para você e sua família, permitindo acesso aos serviços fornecidos pelo governo.

Pela primeira vez na história, pessoas como você têm a chance de conseguir coisas que muitos outros consideram garantidas. Mais importante, seu filho e sua filha viverão uma vida completamente diferente da sua e de seus ancestrais. Você não se importa com os avisos sobre deixar sua privacidade nas mãos do governo. O Aadhaar colocou coisas essenciais para uma boa vida ao seu alcance. Tornou você visível. Fez de você um cidadão. Em hindi, a palavra *aadhaar* significa "fundação" e esse sistema cria uma fundação onde os quase 1,4 bilhão de pessoas podem construir seu futuro.

Nesse caso, o que é bom para você é bom para o governo. Aqueles sem uma identidade verificada não podem ingressar na economia formal. O Aadhaar colocou um número inédito de pessoas na órbita do governo e, ao se tornarem verdadeiros cidadãos, muitos também se tornaram contribuintes pela primeira vez. Quanto mais pessoas pagam impostos, mais receita o governo pode gastar para tirar mais pessoas da pobreza. E ao estabelecer a identidade de todos na Índia pela primeira vez na história, o governo economizou bilhões eliminando desperdícios e fraudes. Um exemplo: uma investigação do governo indiano descobriu que, antes da implantação do Aadhaar, escolas de três estados haviam inflado as listas de frequência com 440 mil alunos inexistentes para conseguir mais dinheiro dos programas de merenda escolar financiados pelo Estado. Agora, não há necessidade de usar funcionários locais corruptos como intermediários entre governo e cidadãos. O Aadhaar permite que o tesouro público transfira fundos para pensões estatais, subsídios a combustíveis e outros benefícios governamentais diretamente para novas contas bancárias acessadas com a impressão digital dos destinatários legítimos.

Os moradores do interior não serão os únicos beneficiados com a revolução digital global em andamento. Grandes mudanças estão chegando às cidades mais dinâmicas do mundo. As cidades alimentam a economia global. Seus habitantes, metade da população mundial, representam cerca de 80% do PIB global e dois terços de todo o consumo de energia. Até 2045, as áreas urbanas serão o lar de mais de 6 bilhões de pessoas, dois terços de toda a humanidade, segundo o Banco Mundial.

Aqui está um exemplo de como as novas tecnologias melhorarão drasticamente a vida na cidade. Acidentes de trânsito matam mais de 1 milhão de pessoas nas estradas do mundo, todos os anos, e ferem outros milhões. A maioria desses acidentes acontece nas cidades. Vários estudos ao longo das décadas mostraram que o erro humano contribui com a esmagadora maioria dessas tragédias. Aqui entram os carros sem motorista. Substituir motoristas humanos por computadores capazes de obedecer a limites de velocidade e respeitar regras de trânsito, incapazes de dirigir após beber ou de adormecer ao volante, evitará a grande maioria dessas baixas. Nos EUA, resultaria em uma economia de US$190 bilhões por ano apenas em custos de assistência médica de acordo com a consultoria McKinsey & Company. Isso sem contar o valor de tempo e energia economizados ao liberar milhões de passageiros da monotonia diária de dirigir para o trabalho. O congestionamento de tráfego urbano do mundo piorou muito conforme bilhões de pessoas migram para as cidades, juntam-se à classe média e compram carros. O tempo ao volante no trânsito é um tempo ocioso. Liberar esse tempo para trabalho ou lazer aumentará a felicidade humana e a produtividade econômica. Carros totalmente autônomos ainda estão a anos de distância, mas se tornarão uma realidade à medida que os avanços nas redes de IA e 5G conectam carros uns aos outros e a outros objetos no ambiente urbano — como semáforos — em grande escala.

Os ganhos financeiros potenciais não passaram despercebidos nas grandes empresas de tecnologia e montadoras de automóveis, agora presas em uma corrida de alto risco para liberar os humanos do banco do motorista. Veículos autônomos com sensores de alta precisão, com transmissão de dados e algoritmos sofisticados combinados para se movimentarem por conta própria, um dia mudarão a maneira como as cidades operam e os cidadãos vivem. Você não precisará possuir, dirigir, estacionar, consertar, abastecer ou ter seguro de um automóvel. Isso significa mais dinheiro no seu bolso. Você encontrará um carro elétrico sem motorista capaz de funcionar 24 horas por dia com pequenas pausas para recarregar. Ou seja, menos carros nas ruas, poluição do ar e problemas de saúde relacionados à poluição, e mais espaços ecológicos.

A digitalização das entranhas dos sistemas de transporte coletivo do mundo também diminuirá o congestionamento de trens e ônibus, reduzindo atrasos e tempo de viagem. As equipes de manutenção serão capazes de identificar problemas com trilhos, equipamentos de comutação e vagões antes de falharem. Trens controlados por computadores navegarão com maior frequência e em menores intervalos de tempo do que os trens dependentes de sinais visuais e motoristas humanos. Quanto mais eficiente for uma cidade, mais produtivos serão seus habitantes e mais rica ela se tornará.

A revolução digital também está ajudando as cidades a resolver um dos problemas fundamentais do século XXI: segurança. Faça uma pequena caminhada pela rua dos escritórios do Eurasia Group em Londres e vire à direita na Goswell Road. Após alguns minutos, você encontrará uma estátua de ferro fundido de um dragão marcando a fronteira norte da cidade de Londres, o antigo núcleo da capital britânica e um dos centros financeiros mais importantes do mundo.

Um pouco mais adiante, passando por esse guardião simbólico londrino, você atravessará um marco importante sem nem perceber — um corredor de segurança conhecido formalmente como Zona de Tráfego e Meio Ambiente da cidade de Londres e informalmente como anel de aço. O anel é uma área de mais de 1km², com uma forte rede de barreiras de tráfego, postos de controle e câmeras de vigilância, com o objetivo de proteger o distrito financeiro e de arranha-céus contra ataques terroristas. Construído nos anos 1990 para a proteção contra as bombas do IRA (Exército Republicano Irlandês), o corredor foi reforçado após os ataques de 11 de setembro. Atualmente, a polícia londrina, a pequena força de elite encarregada de proteger o distrito financeiro, usa um sistema de reconhecimento automático de placas de carros para detectar veículos suspeitos ou roubados e possíveis ameaças terroristas.

A meio mundo de distância, na cidade inteligente em desenvolvimento de Songdo, na Coreia do Sul, a polícia também usa a digitalização automática de placas para detectar veículos irregulares. Também utiliza uma rede de câmeras de vigilância aprimoradas com IA para detectar pessoas brigando, desmaiadas no chão ou andando de forma suspeita — e para alertar os policiais mais próximos. Os microfones podem detectar pessoas gritando por socorro e enviar ajuda policial.

As novas tecnologias não apenas ajudam a polícia a nos manter mais seguros, mas também podem nos proteger da polícia. Em 2016, o astro de cinema Will Smith disse ao apresentador Stephen Colbert não acreditar que o racismo nos EUA estivesse piorando: "Estamos falando sobre raça neste país de forma mais clara e com mais liberdade do que nunca na história", disse Smith. "O racismo não está piorando, está sendo filmado." A polícia continua cometendo atos ilícitos de violência, e a câmera do smartphone no bolso de todos transmite a realidade do ódio racial, como a drástica demonstração do assassinato de George Floyd pela polícia em 2020. Essas câmeras e a capacidade de seus proprietários de compartilhar imagens nas redes sociais tornaram mais fácil documentar abusos de direitos humanos em muitos países.

De modo geral, as revoluções separadas, mas simultâneas, em andamento na área de IA, dispositivos conectados e redes de dados ultrarrápidas colocarão dezenas de bilhões de novos dispositivos online em nossos pulsos e dentro de nossas casas, carros, fábricas e em qualquer outro lugar com atividades humanas. Essas inovações não dependem de humanos para identificar tendências e encontrar eficiências ocultas no vasto mar de dados. Com a combinação certa de informações e poder computacional, computadores artificialmente inteligentes operando em velocidade inumana e percepção sobre-humana farão esse trabalho.

RISCOS

E mesmo assim... todas as revoluções produzem consequências não intencionais, e nem toda destruição abre caminho para algo melhor. A IA mal projetada pode tornar nossas vidas horríveis. Dados tendenciosos podem gerar resultados injustos, privando os cidadãos de todos os tipos de direitos e oportunidades, e nem sempre será fácil recorrer — ou, em alguns casos, até reconhecer — das decisões que a IA faz por nós. Aqui está um exemplo. Em outubro de 2019, pesquisadores publicaram um artigo na revista *Science* com evidências convincentes sobre um determinado algoritmo usado nos EUA para ajudar a decidir quando pessoas doentes deveriam ser elegíveis para cuidados médicos mais intensivos ter criado, não intencionalmente, um viés baseado em raça. Descobriram que, com pacientes igualmente doentes, o algoritmo era menos propenso a encaminhar pacientes negros para cuidados extras porque usava o histórico de custos dos tratamentos como fator determinante na necessidade de assistência médica. Os dados falharam em registrar o fato de que pacientes negros, normalmente com renda mais baixa, podem ter um histórico menor de gastos com cuidados médicos ou ter recebido atendimentos de baixa qualidade em comparação aos pacientes brancos igualmente doentes. Dados tendenciosos produziram resultados tendenciosos.

Com certeza, esse não é um caso isolado. Em 2018, Joy Buolamwini, pesquisador do MIT Media Lab, apresentou evidências sobre algoritmos de reconhecimento facial vendidos pela IBM, Microsoft e Face++ (empresa chinesa de reconhecimento facial) serem melhores no reconhecimento de rostos de pele clara e piores nos de pele escura, especialmente rostos femininos. Um estudo realizado em 2019 pelo Instituto Nacional de Padrões e Tecnologia do governo dos EUA, sobre 189 algoritmos de reconhecimento facial diferentes vendidos por 99 empresas, descobriu que eles cometeram erros ao identificar rostos asiáticos e negros de 10 a 100 vezes mais do que rostos caucasianos.

Mesmo a IA funcionando conforme o planejado, ainda pode subverter as melhores intenções de seus criadores e dos usuários bem-intencionados. Conforme a automação, o aprendizado de máquina e a IA do século XXI mudam nossas vidas, setores econômicos inteiros serão desintegrados e muitas formas de trabalho humanos desaparecerão. Não há nada novo na mudança tecnológica e na "destruição criativa" subsequente, mas mesmo antes da pandemia, as mudanças da era digital estavam acontecendo rápido demais para a maioria das sociedades e indivíduos gerenciarem. Então, a COVID-19 destruiu grande parte da economia restante do século XX e acelerou a transição para novas formas de trabalho e comércio.

RISCOS DE DESUMANIZAÇÃO

Algumas dessas tecnologias disruptivas estão privando muitas pessoas das oportunidades de serem verdadeiras cidadãs — a chance de ter um bom emprego e a confiança de um governo ser capaz de criar igualdade de oportunidades. Claro, nenhum desses valores é absoluto. Sempre foi mais fácil para alguns encontrar trabalho, ter dinheiro suficiente para viver e encontrar e compartilhar informações precisas sobre o mundo. Mas assim como as máquinas mudam nossas vidas mais rápido do que os governos podem compreender ou reagir, os humanos passam a ter menos confiança de os governantes, mesmo querendo, serem capazes de ajudá-los. O maior risco da desumanização vem das formas pelas quais um tipo de "autoritarismo digital" mina a própria democracia.

O Novo Local de Trabalho

"Segurança" tem muitas definições. Uma das principais é a nossa habilidade de conseguir e manter um trabalho. Os salários colocam comida na mesa e um teto sobre nossas cabeças. Fornecem educação para nós mesmos e nossos filhos. Para dezenas de milhões de pessoas, os empregos proporcionam convênio médico e aposentadoria. Dão-nos uma maneira de gastar nossas energias, um senso de propósito e respeito próprio.

Mais de uma década atrás, a crise financeira deixou milhões de desempregados em todo mundo e, como muitas empresas aproveitaram a oportunidade para reduzir custos trabalhistas enquanto outras faliram, alguns desses postos de trabalho nunca foram recuperados. A COVID-19 deu outro golpe nos trabalhadores e, embora a recuperação econômica tenha sido mais rápida dessa vez, ainda estamos contabilizando o número de perdas permanentes de empregos relacionados ao isolamento. Mas muito além dessas emergências inesperadas está o impacto de longo prazo (há muito esperado) da mudança tecnológica no local de trabalho.

Nos últimos vinte anos, máquinas inteligentes começaram a substituir pessoas em uma variedade cada vez maior de posições de trabalho.

Como acontece com quase todas as tecnologias discutidas neste capítulo, os benefícios desse desenvolvimento são reais e abrangentes. A automação da fabricação torna a produção mais eficiente com o passar dos anos. As mercadorias podem ser feitas e entregues com custos menores. Isso significa preços mais baixos e mais dinheiro no bolso dos consumidores que podem investir esse dinheiro extra ou gastá-lo, aumentando a produção em toda a economia. A automação também significa menores custos trabalhistas e maiores lucros para as empresas.

Na geração passada, as empresas norte-americanas transferiram fábricas para o México, para a China e para outros países onde trabalhadores aceitavam salários menores e poucos benefícios. Porém, as máquinas mudaram essa estratégia. Terceirização agora é coisa do passado. Há menos necessidade de pagar o custo de construção de novas fábricas em países com mão de obra barata, e os riscos decorrentes de lidar com governos estrangeiros, ao passo que as máquinas estão se tornando mais sofisticadas e produtivas, com mais rapidez do que imaginávamos há dez anos. Robôs não faltam no trabalho. Não tiram férias nem exigem convênio médico e aposentadoria. Não fazem greve. De acordo com um estudo de 2018 da McKinsey & Company, as máquinas inteligentes podem aumentar o lucro anual das empresas onde são usadas em até US$5,8 trilhões.

Essa tendência garante que os empregos da indústria perdidos em outros países não retornarão aos trabalhadores norte-americanos — além disso, muitos outros empregos existentes serão automatizados. Essa realidade dos EUA também é válida para todos os países industrializados. Em 2019, havia cerca de 2,25 milhões de robôs em uso em todo o mundo, um aumento de 3 vezes em relação aos 20 anos anteriores. Alguns preveem até 20 milhões de robôs trabalhando até 2030. Relatórios da Oxford Economics e da McKinsey publicados em 2019 estimaram que as máquinas extinguirão dezenas de milhões de empregos em todo o mundo. Robôs oferecem outra vantagem importante para os produtores e para a sociedade como um todo: não pegam nem espalham doenças. Não precisam ficar em quarentena. Por esse motivo, a pandemia acelerou o ritmo dessa transição mais rápido do que todos esses estudos sobre o mercado de trabalho pré-COVID haviam previsto.

Não há nada novo nas mudanças tecnológicas acabarem com empregos e sabemos que, baseado nas revoluções tecnológicas anteriores, novos empregos e novos *tipos* de trabalhos serão criados. É totalmente possível, embora não inevitável, a tendência à automação criar mais empregos em vez de destruir. Mas essas transições nunca foram tranquilas e esta será a mais difícil porque está acontecendo em uma rapidez descomunal, diferentemente de qualquer uma de suas antecessoras. Muitos trabalhadores nunca serão capazes de adquirir o conjunto de habilidades para realizar trabalhos que exijam experiência no uso de tecnologias de ponta. Para aqueles capazes de se adaptarem, a transição será difícil; novos treinamentos custam tempo e dinheiro. Além disso, muitos imigrantes, incluindo aqueles com melhor formação, fincam raízes em seus países adotivos ocupando cargos de trabalhos manuais e no setor de serviços. Se houver menos demanda no futuro para humanos fazerem esse tipo de trabalho, muitos imigrantes não terão uma base para se estabelecer.

Quem lucra com a automação deu um nome empolgante ao processo: a "quarta revolução industrial". Em 2016, o Fórum Econômico Mundial a descreveu como "a nova era de construção e ampliação do impacto da digitalização de maneiras novas e imprevistas". Embora esse relatório tenha abordado detalhes admiráveis sobre as maneiras como essas mudanças "imprevistas" talvez derrubem cidadãos e sociedades, um termo mais apropriado para o estado de quem estiver do lado errado dessa tendência é "impacto pós-industrial". Esse termo descreve as maneiras como essas máquinas, cada vez mais inteligentes, privam muitas pessoas de um emprego permanente.

Também aponta para o "impacto" enfrentado por sociedades inteiras, pois essa tendência exacerba o problema definidor de nossa era: a desigualdade. Durante a pandemia, a diferença de oportunidades aumentou porque alguns trabalhadores perderam salários enquanto outros relataram trabalhar por simplesmente ligar seu notebook. O choque pós-industrial atingirá primeiro os trabalhadores de baixa renda e em uma quantidade muito maior do que outras classes econômicas. De acordo com uma previsão feita em 2016 pelo Conselho de Assessores Econômicos do presidente Obama, 83% dos trabalhadores em empregos com salários de menos de US$20 por hora corriam alto risco de serem substituídos por máquinas. Compare isso com os poucos 4% ganhando US$40 por hora. A pandemia, e a superioridade por ela concedida à conectividade digital, ampliaram essa tendência e aumentarão ainda mais a raiva contra o sistema nas democracias ocidentais, testemunhas de muitos protestos furiosos e resultados eleitorais surpreendentes nos últimos cinco anos.

Aos poucos, os EUA e alguns governos europeus estão aceitando a necessidade de ajudar os menos afortunados por meio de redes de segurança sociais estáveis, renda básica e outras maneiras. Infelizmente, há pouca urgência para colocar essas políticas em prática. Mesmo nos países onde a pandemia gerou pagamentos diretos aos cidadãos, esses benefícios foram temporários e muito controversos. Alguns dizem que essas ações retardam a produção e criam um desemprego crônico ao pagarem trabalhadores para ficarem em casa e viver à custa do governo.

Os donos do capital, os acionistas de corporações lucrando com a automação, os trabalhadores com habilidades profissionais do século XXI e os políticos com o apoio desses três mencionados não percebem a situação crítica futura. A chamada Grande Renúncia, tendência de trabalhadores norte-americanos abandonarem o mercado de trabalho nos estágios posteriores da pandemia, aumentou essa preocupação. Os mais e os menos afortunados vivem nas mesmas sociedades e não há muros altos ou grossos o suficiente para sempre proteger os que têm dos que não têm. Será necessária uma crise para trazer mudanças. A notícia — boa e má —, é que essa crise está chegando.

A DIVISÃO DIGITAL

A automação é apenas uma das revoluções tecnológicas que nos obrigarão a remodelar a relação entre cidadão e governo. Além disso, a segurança de ter um emprego não é a única garantia em risco. Adicione acesso a assistência médica de qualidade. Essa é uma área onde já vemos o impacto revolucionário das tecnologias emergentes.

Agora, milhões de pessoas usam relógios capazes de contar passos, acompanhar a frequência cardíaca e monitorar a qualidade de sono. Um dia, em breve, monitoraremos nosso fluxo sanguíneo e ondas cerebrais em tempo real e sozinhos, sem ajuda de um médico, e sensores conectados ao nosso corpo detectarão os primeiros sinais de câncer. Essas inovações podem acrescentar décadas à vida de quem possa comprá-las.

Mas bilhões de pessoas não terão acesso a essas tecnologias. A globalização reduziu, mas não eliminou, a diferença na expectativa de vida entre países. Uma pessoa de classe média nascida hoje no Japão viverá até os 85 anos; o nigeriano comum terá sorte se viver até os 56. A diferença de acesso às melhores tecnologias da área da saúde é o maior motivo responsável por essa discrepância e, mesmo dentro dos países, essas disparidades entre os mais e menos afortunados estão aumentando. Conforme as pessoas monitoram seus corpos em busca de sinais de doenças, as empresas desenvolvem produtos para quem tem dinheiro para comprá-los. Se a tecnologia tornar o check-up médico anual desnecessário e as consultas presenciais com médicos se tornarem muito caras, mais pessoas trocarão sua privacidade pessoal por convênios médicos especiais mais baratos e vidas mais longas e saudáveis. Isso é mais real para pessoas com condições médicas preexistentes, e os avanços tecnológicos capazes de detectá-las causarão um aumento drástico de pessoas cientes das próprias doenças. Quando acontecer a próxima crise global de saúde, essas novas tecnologias podem aumentar a divisão entre ricos e pobres, e aquelas capazes de facilitar a detecção de quem está infectado podem deixar as pessoas sem assistência médica de qualidade ainda mais isoladas e desconfiadas de um sistema que as exclui.

Algumas pessoas poderão comprar medicamentos personalizados por meio de tecnologias baseadas no mapeamento e análise de DNA individual. Usando informações dessas análises, os profissionais de saúde podem adaptar o tratamento de um indivíduo de acordo com seus riscos e vantagens genéticas. Aqueles capazes de pagar por esses tratamentos terão vidas mais longas e saudáveis. Quem não pode pagar, não.

Os humanos também podem obter várias formas de segurança de seus governos. Mas nos Estados Unidos, as guerras caras e fracassadas no Afeganistão e no Iraque, a crise financeira, o aumento da desigualdade de oportunidades, a polarização política, o abuso de substâncias em larga escala e a amargura racial deixaram os cidadãos incrédulos com a capacidade do governo de promover mudanças positivas. Na Europa, as divisões entre os países do norte e sul sobre dívidas e entre os membros do leste e oeste da UE sobre valores políticos como liberdade de imprensa e freios e contrapesos institucionais alimentaram o ressentimento público e a desconfiança das entidades governando a União Europeia. A desigualdade e a insegurança na América Latina aumentaram o sentimento antissistema, estimularam protestos e violência, e enfraqueceram as instituições políticas na maior parte da região.

Novas tecnologias de comunicação alimentam a fúria antissistema nesses países ao aumentarem a consciência dos menos afortunados sobre os mais afortunados, intensificando a polarização política. Um componente essencial de qualquer democracia saudável é um conjunto de valores compartilhados por todos os cidadãos, mas eleitores e políticos nas democracias do mundo cada vez mais pensam e se expressam em termos tribais. Acreditam que a maior ameaça à segurança da nação não vem de governos estrangeiros, terroristas, vírus mortais ou danos ao planeta, mas daqueles dentro do país que não compartilham seus valores. A desigualdade na área da saúde aumentará essa raiva e amargura nos dois lados da divisão.

Junto com essa queixa partidária está a fragmentação da era digital de nossas fontes de informação. Nos Estados Unidos, muitas pessoas culpam a polarização dos canais pagos de notícias por grande parte desse conflito, mas de acordo com um estudo de 2020 do Pew Research, apenas um terço dos norte-americanos assistem a canais de notícias a cabo com frequência. Segundo o Pew, quase 75% dos adultos nos EUA usam o Facebook todos os dias. Percorremos nosso feed de notícias; "curtimos" as histórias mais satisfatórias para nós. Os algoritmos do Facebook adicionam esses pontos de dados ao que a empresa já sabe sobre nossos gostos para enviar a cada um de nós mais conteúdo esperado e desejado, e menos dos possíveis indesejados.

Esse é o "filtro bolha". Dezenas de milhões pessoas são apresentadas a conjuntos de fatos e informações completamente diferentes sobre os acontecimentos do país e do mundo. Alguns usuários são informados de que os incêndios florestais na Califórnia são o resultado inevitável das mudanças climáticas. Outros são encorajados a culpar a má gestão florestal. Muitos leem sobre a possibilidade de os incêndios terem sido criminosos e iniciados por ativistas do Black Lives Matter ou antifas. Políticos oportunistas aproveitam a raiva gerada por diferentes versões da realidade para conquistar poder. As empresas das mídias sociais não se propuseram a corroer a democracia. Mas têm feito isso. A internet oferece tantos pontos de vista, que apenas os mais barulhentos e provocativos ganham atenção em larga escala.

Por fim, já estamos testemunhando uma crescente divisão digital entre os países. A tendência dominante dos últimos cinquenta anos na política e economia internacional tem sido o que Fareed Zakaria chamou, em 2008, de "ascensão do resto": a emergência da China, da Índia, do Brasil e de outros países em rápido desenvolvimento e a criação de uma classe média global, conforme o fluxo de ideias, informações, pessoas, dinheiro, bens e serviços tirou bilhões da pobreza. A tecnologia atual está invertendo esse processo. Diferentes velocidades de internet criam diferenças de crescimento econômico, uma tendência que coloca países mais ricos e mais pobres em caminhos divergentes. Os países mais beneficiados com a globalização nas últimas décadas, principalmente as nações africanas, verão muitos de seus ganhos sumirem.

A outra grande diferença entre esses países está no percentual de cidadãos com acesso às ferramentas digitais cada vez mais importantes para a prosperidade do mundo atual. Em 2019, apenas 39,6% dos africanos tinham acesso à internet em comparação com 62,7% das pessoas no resto do mundo. As diferenças também são marcantes dentro da própria África. Antes da pandemia, quase 90% dos quenianos podiam navegar na internet. Apenas 5,3% em Burundi poderiam dizer o mesmo. A COVID forçou o início da mudança, mas ainda há um longo caminho a percorrer.

A exclusão digital assume tantas formas que apenas um investimento verdadeiramente global na redução dessas diferenças — e uma regulamentação eficaz das empresas que não desejam mudar os modelos de negócios lucrativos que causam a divisão de opiniões e pessoas — pode reverter uma tendência capaz de desestabilizar sociedades inteiras em uma escala sem precedentes. Os riscos de futuras crises de saúde pública e de mudanças climáticas são, pelo menos agora, melhor compreendidos e abordados, embora não com rapidez suficiente. Mas quando se trata de novas tecnologias emergentes, estamos indo direto na direção errada.

AUTORITARISMO DIGITAL

Novas tecnologias alteram os equilíbrios de poder dentro dos países e entre eles. De ditaduras a democracias, há muito tempo os governantes usam as mídias mais recentes para aumentar a popularidade e o poder. Nos Estados Unidos, o presidente Franklin Roosevelt compreendeu o alcance do rádio. Os presidentes John Kennedy e Ronald Reagan conheciam o poder da televisão. Os tiranos transformaram ferramentas de comunicação em armas políticas. Pense no controle estatal da televisão e dos jornais. Há uma razão para a maioria dos golpes militares do século XX terem começado com uma disputa para tomar o controle das estações de rádio e TV.

Porém, as ferramentas de informação atuais são implementos de controle estatal mais poderosos e perigosos, em comparação a seus antecessores, porque têm maior influência na vida de cada indivíduo.

Avançamos da revolução das comunicações, onde o indivíduo foi fortalecido à custa do governo, para a revolução dos dados, onde o poder do governo aumentou à custa do indivíduo. Em 2010, um jovem engenheiro de computação egípcio chamado Wael Ghonim criou uma página no Facebook para homenagear um homem espancado até a morte pela polícia. Em poucos meses, centenas de milhares de pessoas já a haviam curtido. Quando notícias sobre distúrbios na vizinha Tunísia começaram a chegar ao Egito via Facebook e Twitter, no final de 2010, alarmes soaram dentro do governo egípcio. Para reprimir o ativismo dentro do país, a polícia prendeu vários ativistas das redes sociais, incluindo Ghonim, mas a reação online à sua prisão forçou as autoridades a libertá-lo rapidamente. A revolta subsequente derrubou o ditador Hosni Mubarak, no poder fazia trinta anos. Na época, era fácil acreditar que a internet, as redes sociais e os smartphones seriam as piores coisas criadas para as forças policiais e seus administradores autocratas. "Se você quer libertar uma sociedade", disse Ghonim "só precisa da internet."

Porém, o Egito atual é novamente administrado por um governo militar. O atual ditador Abdel Fattah Al-Sisi está mais enraizado no poder do que seu antecessor deposto, em parte porque agora o governo tem o direito, de acordo com a lei egípcia, de "proteger" a sociedade removendo qualquer pessoa das mídias sociais. E porque agora o governo pode usar os dados gerados pelas redes sociais para encontrar e punir seus críticos. O rei está morto. Vida longa ao rei.

Quando Bashar al-Assad, da Síria, enfrentou ameaças de ativistas da oposição durante a guerra civil do país, ele recorreu a um pequeno exército de engenheiros russos para ajudar suas forças policiais a encontrá-los e prendê-los. Alguns morreram. Em poucos meses, Assad já havia eliminado a maioria de seus críticos moderados. No processo, ele e outros ditadores e aspirantes a ditadores do mundo aprenderam o valor de aliados experientes em tecnologia. A Rússia também ajudou Assad a disseminar propaganda digital e notícias falsas para dezenas de milhões na Síria e em outros lugares.

Os líderes chineses reconhecem o poder da internet e das redes sociais para amplificar vozes dissidentes e organizar protestos. Também veem que antigas armas de censura digital — o famoso Grande Firewall — não são abrangentes o suficiente para enfrentar os desafios apresentados pelas futuras gerações de potenciais rebeldes armados com tecnologias. Então, o governo inventou novas maneiras de cortar o acesso à internet nas cidades e isolar províncias inteiras. As autoridades também encontraram formas de usar a mídia online a seu favor. Foram auxiliadas por uma mudança no modo como a tecnologia gera poder.

A revolução das comunicações permitiu a milhões, e depois bilhões, de pessoas acesso a uma recompensa, a internet, primeiro por meio de computadores e depois por smartphones. A revolução dos dados é diferente. O telefone que lhe deu superpoderes agora registra suas decisões todos os dias. Monitora seus pensamentos, interesses, desejos e compras. Multiplique essa quantidade de dados por cada dispositivo conectado com qual você vai entrar em contato quando a internet das coisas estiver incorporada em nosso modo de vida, e quando até mesmos informações sobre sua temperatura corporal e frequência cardíaca estiverem disponíveis para empresas de tecnologia e, possivelmente, para o governo.

Você ainda pode acessar informações, conectar-se com outros e transmitir suas crenças. Mas seu anonimato não está protegido, pois o poder conferido pela tecnologia mudou, passou dos indivíduos para as instituições, principalmente entidades capazes de coletar e controlar todos os dados criados por você. Não é exagero dizer que as empresas de tecnologia já sabem muito mais sobre você do que você mesmo. E se as companhias têm essa informação, os governos podem obtê-la.

O sistema de crédito social da China, apresentado no capítulo um, é uma peça importante do uso de dados por um país. De acordo com o Banco Popular da China, o sistema de crédito social continha mais de 1 bilhão de pessoas no final de 2019. Em julho de 2019, a comissão de planejamento econômico informou que, como resultado de pontuações baixas, 2,56 milhões de pessoas foram impedidas de viajar de avião e 90 mil tiveram o acesso negado ao serviço ferroviário de alta velocidade. Os tribunais chineses declararam 300 mil pessoas como não confiáveis. Hoje em dia, você precisa de uma boa pontuação para conseguir um empréstimo. Um dia, esse sistema poderá decidir se você tem permissão para se formar na escola, usar um site de namoro, comprar uma casa, conseguir um emprego, ter um aumento, consultar os melhores médicos ou ajudar seus filhos a obter essas vantagens. Uma pontuação ruim pode levá-lo à prisão. “Quem perde credibilidade terá dificuldade em dar até um pequeno passo”, alertou o primeiro-ministro Li Keqiang em 2018.

Os dados usados para alimentar o sistema de crédito social chinês vêm principalmente de registros financeiros, criminais e governamentais, e os bancos de dados em que essas informações são armazenadas são administrados pela comissão estatal de planejamento econômico da China, pelo banco central e pelo sistema judiciário do país. Mas quando computadores processam enormes quantidades de dados e as tecnologias avançadas de reconhecimento facial permitem a identificação de rostos de indivíduos em grandes multidões por meio de câmeras, o governo encontrará novas maneiras de monitorar o comportamento humano, tornando improvável para os cidadãos encontrarem formas de burlar esse sistema.

A COVID-19 acelerou a intrusão estatal na vida das pessoas em toda a China. Conforme o país voltava ao trabalho após o fim da pior parte do surto, as autoridades exigiram a instalação de um software nos telefones capaz de determinar o estado de saúde dos cidadãos, caso quisessem acessar locais e transportes públicos. No registro, um aplicativo de carteira digital atribuiu aos usuários um código de cores, representando seu estado de saúde, sem explicar como essa classificação foi feita. Os usuários não foram informados de que o estado compartilha essas informações com as autoridades policiais, unidas com os governos locais e empresas de tecnologia chinesas no desenvolvimento do aplicativo. Como registrado pelo *New York Times*, uma versão norte-americana desse sistema seria "semelhante aos Centros de Controle e Prevenção de Doenças usando os aplicativos da Amazon e do Facebook para rastrear o coronavírus e, em seguida, compartilhar as informações do usuário com o escritório dos xerifes distritais, tudo em segredo".

Como escrevi no Capítulo 1, as autoridades chinesas de segurança usaram câmeras de vigilância e ferramentas de reconhecimento facial para vigiar toda a população uigur. À medida que a tecnologia for refinada, essas ferramentas serão usadas em outras partes da China e vendidas para governos estrangeiros. Como parte da iniciativa da Rota da Seda Digital, empresas chinesas já ajudaram os governos de Uganda, Zâmbia e Zimbábue a refinar a forma como espionam oponentes políticos. Mais sobre isso será mostrado no decorrer do capítulo.

Os norte-americanos podem ser tentados a acreditar que nunca sofrerão vigilância de estilo autoritário. Ao contrário da China, o governo dos EUA não tem uma estratégia nacional coerente para desenvolver o big data ou a IA. Porém, as maiores corporações da história norte-americana já estão colhendo os enormes lucros ao aspirar todas as informações pessoais possíveis. Esse é o "capitalismo de vigilância". Todos os dias, os norte-americanos geram cerca de 2,5 quintilhões de bytes de dados. (Isso é 2,5 seguido por dezoito zeros.) Chame um Uber. Abra o Google Maps. Clique em um botão para dizer ao Facebook e Instagram do que você gosta. Passe na Amazon para fazer uma compra. Pague com Venmo ou PayPal. Adicione aplicativos capazes de monitorar frequência cardíaca, pressão arterial e números de passos. Todas essas informações estão sendo coletadas, organizadas e monetizadas — e, a menos que você seja um indivíduo raro, disposto a gastar 45 minutos lendo um termo de responsabilidade, clicará em "concordo" para compartilhar seus dados sem pensar duas vezes.

E até mesmo nas democracias, o governo está aprimorando suas capacidades de vigilância. Câmeras em locais públicos tornaram-se um cenário comum nas cidades americanas e europeias, e não demorou para que as tecnologias de reconhecimento facial virassem um tema político muito relevante. De acordo um relatório de 2020 do Safety.com, um grupo de defesa, o norte-americano médio é pego por câmeras de segurança cerca de 238 vezes por semana. Conforme uma reportagem do *New York Times* de janeiro de 2020, a empresa de tecnologia Clearview AI criou um aplicativo que permite aos usuários tirar uma foto, postá-la e identificar a pessoa capturada por meio de links para sites onde a imagem dessa pessoa já apareceu. A empresa diz ter acumulado mais de 3 bilhões de imagens do Facebook, do YouTube, do Venmo e de outros sites. Policiais federais e estaduais admitem ter usado o aplicativo para prender assassinos, predadores sexuais, ladrões de loja, ladrões de identidade e fraudadores. Isso é bom. Mas é fácil imaginar os milhões de possíveis abusos de uma ferramenta como essa.

Quem obedece às leis espera ser protegido desses crimes pelas autoridades. Se as sociedades abertas se tornarem mais perigosas — seja devido ao aumento da desigualdade, raiva e violência pública, ou porque as novas tecnologias facilitaram cometer e escapar de alguns crimes — os cidadãos podem decidir trocar privacidade por segurança. Os ataques terroristas de 11 de setembro persuadiram muitos norte-americanos de que essas trocas às vezes são necessárias. Por exemplo, o governo dos EUA ampliou o uso de vigilância sem mandado judicial e criou o programa Total Information Awareness para encontrar terroristas ao vasculhar pilhas de dados digitais.

Não houve outro ataque em grande escala em solo norte-americano desde o 11 de setembro. Caso aconteça, a aplicação da lei seria feita com ferramentas mais sofisticadas e invasivas que as disponíveis em 2001.

Lembra-se do sistema indiano Aadhaar, responsável por ajudar centenas de milhões de pessoas a ter acesso a serviços públicos e subsídios? Uma das maneiras que o Aadhaar tem para reduzir a corrupção local é estabelecer contas bancárias para todas essas pessoas e fazer transferências diretas, evitando a intercepção do dinheiro por intermediários. Os benefícios de um sistema de identificação biométrica como o Aadhaar são reais para um enorme número de pessoas, mas um governo capaz de transferir dinheiro para sua conta bancária, um dia pode *tirar* dinheiro de lá. Se o governo estiver errado ao fazer isso e você tiver a lei do seu lado, poderá conseguir um reembolso. Porém, não é possível saber se a lei sempre estará do nosso lado — mesmo em uma democracia como a Índia. E, embora a participação no Aadhaar tenha sido voluntária no começo, agora é obrigatória.

O Aadhaar foi expandido para incluir um banco de dados com informações sobre os contratos de telefone celular, viagens de trem e contas das redes sociais dos cidadãos. Nada disso fazia parte do plano quando os cidadãos começaram a se cadastrar. Citando Darth Vader: "Estou alterando o acordo, reze para que eu não o altere mais." E mesmo você sendo um defensor do primeiro-ministro Modi e confiando nele e no governo indiano atual para respeitar os direitos dos cidadãos, você confia em todos os futuros governos indianos da mesma forma?

As perguntas surgindo na Índia estarão em breve mais próximas da sua realidade.

Conforme avançamos dos smartphones para a internet das coisas e da revolução das comunicações para a revolução dos dados, os humanos gerarão cada vez mais dados, as empresas encontrarão novas maneiras de monetizar esses dados e o governo dependerá mais deles para a segurança nacional. E como o tempo é nosso recurso mais importante, nosso maior desafio será a velocidade — inovações que acontecem rápido demais sem nos dar tempo para entendê-las e regulá-las.

Agora chegamos ao nascimento das tecnologias 5G (quinta geração). Na década de 1980, o 1G foi a tecnologia que nos permitiu carregar aquele celular grande e feio. Depois o 2G nos deu a capacidade de transmitir uma mensagem de texto em uma conexão sem fio. Quando você abriu a página de um site no smartphone pela primeira vez estava usando a tecnologia 3G, padrão a partir de meados dos anos 2000. Na época, o 3G oferecia velocidades de download de cerca de 4 megabits por segundo. As redes 4G, ainda em uso, são extremamente mais rápidas e permitem a transmissão de vídeos ao vivo. Daqui a alguns anos, todas essas inovações, notáveis no início, parecerão ter vindo da Idade da Pedra.

Embora o 5G seja mais rápido se comparado com as redes anteriores, essa não é a melhor maneira de medir a força e o tamanho do seu impacto porque ele não conecta apenas nossos telefones. É a base sobre a qual os desenvolvedores construirão a internet das coisas. Ele possibilita a existência dos carros autônomos e das cidades inteligentes descritas no início do capítulo. E fornecerá a base da tecnologia sem fio para a próxima geração de infraestrutura crítica dos países É a tecnologia capaz de conectar tudo com um microchip.

Também tornará possível que governos e empresas agreguem informações sobre nossos códigos genéticos. Serão criadas montanhas de dados compostas por informações pessoais sobre cada indivíduo conectado. Essa é a base de um verdadeiro sistema nervoso central global.

E o 5G se tornou o principal motivo de conflito entre Estados Unidos e China porque, diferentemente das disputas territoriais sobre Taiwan ou sobre o Mar da China Meridional, esse será um fator determinante no equilíbrio de poder global do século XXI. De acordo com as autoridades dos EUA, Pequim pode pedir à gigante chinesa de tecnologia Huawei para usar a tecnologia 5G para minar a segurança e privacidade de todos os dispositivos conectados a ela — o que, em teoria significa qualquer dispositivo com um chip de computador. Com isso, um país pode desligar a infraestrutura crítica de outro país — o sistema nervoso central nacional.

RISCOS ILEGAIS

No primeiro dia de qualquer aula de ciência política, os alunos aprendem que uma nação só permanece estável se o governo puder manter o controle monopolista virtual da violência dentro de suas fronteiras. Mas era mais fácil estabelecer a segurança nacional quando as armas mais poderosas do mundo eram muito caras e complexas para criminosos, terroristas e indivíduos destrutivos comprarem e usarem. Além disso, o desenvolvimento do ciberespaço torna mais difícil para os Estados defenderem as fronteiras e mais fácil para os criminosos ignorá-las. Os riscos ilegais das tecnologias disruptivas colocam armas cada vez mais letais nas mãos de indivíduos e grupos cada vez mais perigosos.

Armas Autônomas

As tecnologias mais desestabilizadoras são aquelas capazes de intensificar o poder destrutivo da guerra. Agora, máquinas inteligentes estão entrando em campos de batalha reais e potenciais. Para quem as usam, a utilidade é óbvia. As maiores potências militares como os Estados Unidos, a Rússia e a China querem maximizar as chances de vitória militar com risco mínimo para seus soldados. A tecnologia que aumenta a eficiência e reduz o risco de morte não é nova. As pessoas puxam gatilhos e apertam botões para destruir inimigos, às vezes em grande número, há séculos. O que há de novo são os botões que (figurativamente) acionam a si mesmos — máquinas que calculam como e quando atacar sem supervisão humana. Armas autônomas também são muito lucrativas para quem as fabricam. Por exemplo, espera-se que o mercado global de drones cresça de US$27,4 bilhões em 2021 para US$58,4 bilhões até 2026. Há também um mercado em rápida expansão para drones capazes de atacar outros drones. Uma coisa é persuadir os governos a limitar o uso de armas consideradas valiosas para fins militares. Outra é regular uma indústria beneficiada por enormes lucros, principalmente quando, como em tantos outros setores, alguns desses ganhos chegam aos bolsos dos responsáveis por essas regulamentações. Poucos de nós querem viver em um mundo onde robôs decidem quando matar pessoas. Já vimos esse filme. Não acaba bem.

Principalmente porque os governos estão usando armas autônomas e esse mercado está crescendo, com os fora da lei — em particular, criminosos e terroristas — ganhando acesso a elas. Alguns dos problemas representados por essas armas — para seus alvos e governos tentando limitar sua proliferação — são práticos. Grupos terroristas usarão armas autônomas para atacar multidões de inocentes de maneira anônima e com custo mínimo. Armas automatizadas serão hackeadas para atacar seus criadores. Ataques armados se tornarão mais comuns conforme as armas autônomas reduzem o custo financeiro e humano nas ações militares e proporcionam a gangues criminosas e organizações terroristas oportunidades de causarem a morte de um grande número de inocentes de um modo nunca visto.

Guerra Cibernética

Criminosos e terroristas também representam ameaças cibernéticas. O custo total de ataques ransomware, o uso do ciberespaço para ameaçar ou cometer atos de destruição a fim de extorquir dinheiro dos alvos, provavelmente ficou perto de US$1 trilhão em perdas diretas em todo o mundo em 2020, o dobro do custo de 2018. Parte desse sucesso vem de melhorias na sofisticação dos ataques, alguns de maior vulnerabilidade, devido ao aumento do trabalho remoto impulsionado pela pandemia. E, embora grande parte dos danos sejam os custos dos pagamentos feitos aos criminosos, o impacto dos dados corrompidos ou perdidos também está crescendo. Hospitais, em particular, enfrentam diversos ataques ransomware, um grande perigo durante a pandemia e o lançamento de vacinas. O pagamento do resgate aumenta todos os custos corporativos e individuais e, embora turistas possam evitar lugares perigosos e navios possam evitar áreas dominadas por piratas, como o Chifre da África, o risco cibernético existe em todos os lugares e o tempo todo.

Mas até hoje, a maioria desses ataques partiram de redes cibercriminosas um tanto sofisticadas cujo interesse é maximizar o lucro (ilegal) dessas atividades. Não estão tentando destruir nada; na verdade, alguns até criaram centrais de atendimento para facilitar o pagamento do resgate e a restauração dos sistemas das empresas atacadas. É um equilíbrio de compensação do mercado — se tiver uma experiência (de certa forma) positiva com seus cibercriminosos, é mais provável que diga a seus amigos para pagá-los quando também forem atacados.

Mas o que acontece quando esses recursos cibernéticos caírem nas mãos de organizações e indivíduos desonestos, com objetivos mais destrutivos? Terroristas ambientais, extremistas islâmicos e supremacistas brancos? Até agora, o mundo não enfrentou nenhum desses grupos com as mesmas habilidades cibernéticas. No auge do controle do território iraquiano e sírio, o Estado Islâmico era a organização terrorista mais bem financiada e organizada da história, tinha uma burocracia governamental em funcionamento e mais de US$1 bilhão de capital operacional, em grande parte saqueado de bancos iraquianos. Mesmo assim, as capacidades cibernéticas deles eram extremamente amadoras. Mas agora os terroristas aprenderam a programar e programadores podem se tornar terroristas.

RISCO CATASTRÓFICO

No final da Guerra Fria, os norte-americanos deram um suspiro de alívio. O grande conflito internacional da época foi resolvido com o colapso do império soviético. A ameaça do fim do mundo retrocedeu. Os Estados Unidos permaneceram como o colosso militar mundial incontestável porque nenhum outro país poderia igualar seu poder de fogo militar, o alcance global da presença militar do país ou a amplitude de suas alianças. Trinta anos depois, isso ainda é verdade. Os Estados Unidos continuam gastando mais a cada ano com suas forças armadas do que todos os potenciais adversários juntos (embora as capacidades nucleares russas permaneçam em paridade aproximada com a dos EUA), e continua sendo o único país no planeta capaz de projetar forte poder militar em todo o mundo.

Mas novos tipos de armas estão mudando o jogo. A Rússia, a China e até o Irã e a Coreia do Norte desenvolveram recursos cibernéticos ofensivos, diminuindo muito as vantagens — e, por conseguinte, a segurança — dos EUA. Por isso, a próxima grande guerra não será travada apenas com porta-aviões, aviões de combate ou mísseis de longo alcance. Em todas essas áreas, os EUA ainda é o maior. Mas as armas cibernéticas, parte fundamental de qualquer conflito futuro, nivelaram o campo de batalha de maneiras extremamente disruptivas.

As armas cibernéticas são menos destrutivas que as armas nucleares da época da Guerra Fria, capazes de matar milhões em minutos, mas as boas notícias param por aqui. As armas atômicas não foram detonadas em uma guerra desde o ataque a Nagasaki em agosto de 1945, mas armas cibernéticas de vários tipos foram usadas em inúmeras ocasiões nos últimos anos, e com efeitos cada vez mais disruptivos. São usadas com frequência contra alvos estrangeiros porque a fabricação é mais barata que das armas tradicionais. É mais fácil escondê-las e se tornam obsoletas rapidamente, criando incentivos para usá-las ou perdê-las. Podem ser calibradas para infligir um nível de dano capaz de causar uma possível resposta massiva. Derrotam de longe, pois qualquer pessoa conectada em qualquer lugar pode atacar qualquer outra pessoa conectada em qualquer outro lugar. As identidades dos usuários podem ser mantidas em segredo por um tempo, dificultando saber onde contra-atacar.

Tampouco devemos nos conformar com a incapacidade das armas de causar destruições de nível nuclear, pois seu uso ainda pode levar a um aumento de violência em larga escala usando outras armas — e porque a destruição mútua assegurada não funciona da mesma forma no ciberespaço. Entre os países mais poderosos do mundo, cada governo sabe que um ataque à infraestrutura crítica de outro pode causar uma retaliação. A China pode atacar os EUA, mas seus líderes sabem que os EUA têm os meios para revidar. Por isso a maior parte da ação no ciberespaço entre nações bem armadas está focada em roubar segredos e testar defesas em vez de infligir danos imediatos em grande escala. Mas não há regras obrigatórias limitando a capacidade de um governo de compartilhar suas capacidades com atores externos. É um grande contraste com os dias nos quais as armas nucleares representavam a maior ameaça existencial à nossa espécie. Na época, era mais difícil para uma grande potência vender mísseis a um aliado. E acordos internacionais rigorosamente aplicados dificultaram a construção de mais armas nucleares além do permitido. Hoje, não existem tais acordos para armas cibernéticas. Os Estados Unidos podem impedir o Irã de desenvolver uma bomba nuclear. O mesmo não vale para armas cibernéticas.

Por fim, a história mostra que a guerra se torna mais provável quando o equilíbrio de poder não é claro. Se todos sabem quem é mais poderoso, há menos incentivo para o início de uma guerra. Por esse motivo, o Irã e a Coreia do Norte não ousam atacar os EUA com forças convencionais. Mas onde a força relativa não é clara, a probabilidade de ela ser testada é maior. Há limites para as falas confiantes sobre as capacidades cibernéticas de qualquer grande potência. Há muitos segredos ocultos. E um ataque cibernético em um país pode causar danos drásticos e não intencionais em todo o mundo, como quando um ataque de malware russo na Ucrânia, conhecido como NotPetya, atingiu acidentalmente sistemas em vários outros países, incluindo os Estados Unidos.

Também há formas mais sutis de como os recursos cibernéticos podem ser usados para prejudicar a segurança e a resiliência de outro país. As agências de inteligência dos EUA encontraram amplas evidências de interferência russa nas eleições presidenciais de 2016 — principalmente roubando e expondo segredos benéficos para Donald Trump ao prejudicar Hillary Clinton e publicar informações falsas nas mídias sociais para minar a confiança nas instituições políticas do país. Não há provas concretas da alteração do resultado da eleição pela Rússia, mas isso causou danos significativos e duradouros à fé dos norte-americanos na segurança e legitimidade de seu sistema político. Esse problema não saiu de cena com Trump.

A pandemia criou novas grandes oportunidades para semear medo, dúvida e confusão pela internet. Para combater o que as autoridades da Organização Mundial da Saúde chamaram de "infodemia", uma praga de informações falsas sobre a COVID-19, a OMS trabalhou com o Facebook, o Twitter, o Google e outras fontes de informações online para conter os danos. O sucesso foi limitado porque é muito fácil para pessoas mal-intencionadas espalharem informações ruins a baixo custo e com pouco medo de punição. Alguns eram agentes governamentais usando a COVID como parte de uma tentativa maior de acabar com a confiança de outras nações em informações de todos os tipos.

Essa ameaça se tornará mais insidiosa conforme mais objetos em nossas vidas estiverem conectados à internet. A internet das coisas criará novas oportunidades para hackers e novos fluxos de dados que governos e empresas podem usar para comprometer nossa privacidade. Hackers podem comandar um grande número de dispositivos conectados e usá-los como uma espécie de exército zumbi para lançar ataques de negação de serviço (DDoS). Em 2016, um hacker de 21 anos de Nova Jersey e alguns associados criaram o botnet Mirai, visando dispositivos de IoT como câmeras digitais e DVD players em vez de computadores para lançar um ataque massivo à Dyn, uma empresa que atua como uma espécie de "lista telefônica online". Por algum tempo, o ataque derrubou dezenas de sites de tráfego intenso, incluindo os sites do Airbnb, da BBC e da Starbucks. Na época, acreditava-se que esse havia sido o maior ataque DDoS da história. Se um pequeno grupo de hackers pode fazer isso, imagine o que uma agência de segurança governamental endinheirada poderia fazer.

APRENDIZADO DE MÁQUINA E DE IA

Inteligência artificial é um termo genérico para o conjunto de ferramentas capazes de permitir a humanos automatizar um processo no qual é necessária "inteligência" como planejamento, aprendizado, raciocínio lógico e previsão do futuro. A Inteligência Artificial Geral (AGI, sigla em inglês) pode fazer cálculos e tomar decisões complexas. O conceito da AGI é possibilitar o raciocínio e o aprendizado — colocando máquinas em um maior número de trabalhos no lugar de robôs programados para executar um pequeno conjunto de tarefas básicas com eficiência. De acordo com alguns estudos, embora os trabalhos manuais sejam os primeiros afetados, profissionais de nível gerencial com diplomas universitários talvez sejam os mais vulneráveis em longo prazo. Conforme um estudo de 2019 da Brookings Institution, "profissionais com diplomas de graduação ou técnico estarão quatro vezes mais expostos à IA em comparação àqueles que têm apenas a formação de ensino médio". Caso você seja cientista de laboratório, pesquisador ou gestor médico, engenheiro, advogado corporativo, analista financeiro, urbanista ou gerente de transportes, é melhor ficar atento.

Devido ao grande impacto no local de trabalho, a AGI transformará a relação entre cidadãos e Estado. Nossos líderes precisarão expandir as redes de proteção social de um jeito nunca visto para evitar o aumento da pobreza e a provável revolta subsequente. Ao mesmo tempo, estamos entrando em um mundo onde as máquinas saberão mais sobre quem somos e nossos desejos do que nós mesmos. E os governos e as empresas que são donas dessas máquinas usarão esse conhecimento de maneiras perigosas para a liberdade individual e talvez para a própria democracia. Isso significa mais desigualdade, maior vigilância e menos liberdade.

A IA está mudando o significado de ser humano. Já há momentos em que questionamos se um rosto ou uma voz pertence a uma pessoa ou a um software inteligente. Um bot, ou robô online, pode ajudar seus filhos com a lição de casa, oferecer conselhos e até ouvir seus segredos. Mas as máquinas nunca aprenderão a ter "moral". Elas são capazes de aprender, mas não têm empatia. Não valorizam os direitos humanos, a privacidade ou a liberdade de pensamento. Não podem sentir a música, reconhecer a beleza ou experimentar a emoção da descoberta e da inovação. Quanto mais dependermos delas para tomar nossas decisões diárias, das banais às sérias, menos provável será que as mudanças em nossa sociedade venham a refletir o valor dessas características humanas essenciais.

CHEGANDO PRIMEIRO

Ao gerenciar riscos catastróficos, é importante considerar quem está desenvolvendo tecnologias e escrevendo as regras para seu desenvolvimento e uso. Como o presidente russo Vladimir Putin disse uma vez, quem dominar a IA primeiro governará o mundo. O vencedor não será a Rússia, mas ele estava certo. Qualquer país que domine a inteligência artificial primeiro terá uma vantagem estratégica ao definir as regras da próxima ordem global. A economia dessa nação crescerá mais rápido, suas cidades serão mais eficientes e sua população viverá por mais tempo. As forças militares se tornarão mais poderosas. Ela será capaz de roubar segredos importantes, alterar o comércio de maneira nunca vista e desestabilizar sociedades inteiras.

O maior risco representado pela IA é a possibilidade de um país adquirir uma liderança invencível em seu desenvolvimento, uma conquista que lhe daria o controle monopolista da ordem mundial.

A tecnologia disruptiva de curto prazo com maior probabilidade de perturbar a ordem geopolítica é a computação quântica, uma forma de computação projetada para lidar com problemas de grande escala e complexidade. A computação quântica usa partículas subatômicas como base de armazenamento e análise de informações. Assim, o tamanho dos computadores será muito reduzido e a velocidade e a potência serão maiores. Como toda forma de tecnologia apresentada neste capítulo, a ruptura criada por ela pode ser incrível e fatal. Computadores quânticos proporcionarão avanços na ciência, na medicina, na segurança e na economia. Mas caso os benefícios não sejam amplamente compartilhados e os avanços levem a algum nível de "supremacia quântica", a computação quântica, por exemplo, pode impossibilitar a ocultação de segredos por meio de criptografia, um processo essencial não apenas para manter a privacidade pessoal, mas para a segurança da infraestrutura de uma nação — redes elétricas, sistemas de distribuição de água, segurança alimentar, sistemas de transporte público e um sistema financeiro estável.

Essa ameaça é tão grande que a *mera suspeita* de o outro estar se aproximando do domínio da IA pode ser suficiente para desencadear uma guerra — como um ataque preventivo para impedir esse domínio. Tal cenário é exatamente o oposto da destruição mútua assegurada durante a época da corrida armamentista entre os EUA e a União Soviética, mas sem a grande explosão.

Os países com maior probabilidade de alcançar a supremacia quântica e provocar a destruição mutuamente garantida são a China e os Estados Unidos. Um pouco de história pode nos ajudar a enxergar os perigos dessa rivalidade iminente com mais clareza. No século XIX, as potências ocidentais subjugaram uma China tecnologicamente primitiva, fato que ainda permanece como uma grande humilhação para uma nação que vem sendo considerada uma potência tecnológica, cultural e econômica por muitos séculos. Nesse sentido, a ascensão das últimas décadas é menos uma "emergência" e mais uma restauração. Para retornar ao auge da tecnologia, o presidente Xi sabe que a China deve seguir uma estratégia nacional para desenvolver sua capacidade de IA. Em 2017, seu governo anunciou um Plano de Desenvolvimento de Inteligência Artificial de Próxima Geração, um plano para levar a China à liderança global em IA. O objetivo explícito do plano é quebrar as correntes colocadas na China pelas potências estrangeiras durante o curso da história.

Os líderes da China encarregaram as empresas de tecnologia do país de construir novas ferramentas de reconhecimento de imagem e voz. As indústrias formaram alianças e cidades anunciaram planos ambiciosos para ajudar a alcançar as metas nacionais. Para demonstrar o poder e alcance do projeto nacional chinês, Pequim instruiu a gigante da tecnologia Alibaba a projetar um "cérebro da cidade", uma espécie de sistema nervoso central municipal feito com IA para uma nova cidade inteligente a cerca de 100km a sudoeste de Pequim.

Em seguida, veio o discurso de Xi na conferência do Partido Comunista sobre os planos de usar internet, big data e IA para transformar a China na maior potência industrial do mundo até 2030. O governo chamou as companhias Baidu, Alibaba, Tencent e iFlyTek, uma empresa iniciante dona de um software de reconhecimento de voz, para serem os membros inaugurais de uma equipe nacional de IA encarregada de liderar o caminho na criação de veículos autônomos, assistência médica, reconhecimento de voz e cidades inteligentes.

Como parte de um plano emergente para prejudicar os campeões tecnológicos chineses em rápida ascensão, o governo Trump respondeu em 2019 com uma tentativa de expulsar a Huawei das cadeias globais de fornecimento de tecnologia, ameaçando impor sanções nas empresas fornecedoras de componentes importantes para determinados produtos do líder global em tecnologias 5G. Porém, apesar dos avanços iniciais que deram ao Vale do Silício uma sólida vantagem no desenvolvimento de IA, Washington ainda precisa responder aos desafios da China com um abrangente plano nacional próprio. Isso talvez mude conforme a preocupação sobre a falta de uma verdadeira estratégia nacional aumenta no congresso e na indústria.

Nessa corrida, a China terá duas vantagens grandes. Primeiro, as empresas chinesas têm muito mais dados para alimentar seu mecanismo de IA porque há mais chineses produzindo as informações necessárias para abastecer os algoritmos e porque a quantidade de informações produzidas por cada cidadão chinês é maior que as dos norte-americanos. A China tem cerca de três vezes mais usuários de telefones celulares em comparação aos Estados Unidos, e o consumidor chinês médio faz cinquenta vezes mais pagamentos online usando os aparelhos móveis do que o consumidor médio norte-americano. E é mais fácil aprimorar as ferramentas de reconhecimento facial quando as câmeras de vigilância onipresentes fornecem tanta matéria-prima para trabalhar. As empresas de tecnologia norte-americanas e, sobretudo, as europeias, sabem da possibilidade de os consumidores exigirem prestação de contas sobre como cuidam de dados pessoais e privacidade. As empresas campeãs tecnológicas da China operam em uma sociedade na qual os cidadãos não têm direito à privacidade de dados.

Em segundo lugar, as empresas chinesas estão mais alinhadas com o governo em comparação com as rivais norte-americanas. Durante a Guerra Fria, o governo dos EUA recorreu a empresas do setor privado como a Lockheed, a Northrop Grumman e a Raytheon em busca de inovações necessárias para fazer a balança militar pender a favor dos Estados Unidos. Pequim tem vantagens ainda maiores. Ela pode pressionar os principais líderes tecnológicos a mostrar como suas estratégias de desenvolvimento atendem aos objetivos nacionais, e comitês partidários dentro das companhias ajudam a manter esse equilíbrio. O governo subsidia a pesquisa e contribui com o capital de risco e com áreas especiais de desenvolvimento para testes e recompensa a disciplina e a lealdade usando a força política e econômica para apoiar as perspectivas comerciais das empresas chinesas em todo o mundo.

Em contraste, muitas companhias norte-americanas com inovações em IA — Google, Facebook e Apple — enfrentam resistência de funcionários e acionistas em qualquer tentativa de coordenar políticas em parceria com o governo ou com os militares. Na China, o governo é poderoso o suficiente para se apresentar como a força promotora do interesse nacional e do bem-estar dos cidadãos. Nos Estados Unidos, onde a desconfiança do governo é um traço nacional decisivo, há uma longa história de filmes de Hollywood nos quais os heróis lutam para manter a tecnologia de ponta fora das mãos do governo. Em outras palavras, há muitas outras coisas separando o Pentágono do Vale do Silício além dos 4.500km de estrada — e muito mais separando os valores dos EUA e da China centrados na relação entre o cidadão, a empresa privada e o governo.

A NOVA MURALHA

Cerca de 850 milhões de pessoas navegam na internet, compram online e trocam mensagens por trás do Grande Firewall da China. Esse número é maior que a soma das populações dos Estados Unidos e da União Europeia. Todos os outros países podem ver o Muro de Berlim digital sendo erguido e estão imaginando quando será necessário escolher um lado. Todos precisarão escolher um ou outro porque serão prejudicados caso não tenham acesso às novas tecnologias de IA; as versões chinesa e americana serão mutuamente exclusivas. É uma nova Guerra Fria parecida com a antiga — quando o assunto for tecnologia, os países não terão escolha, precisarão escolher um lado.

Por esse motivo, a maioria dos governos já está pensando em quais empresas, chinesas ou norte-americanas, serão capazes de construir sua infraestrutura digital. Quem projetará os sistemas e definirá os padrões da internet das coisas? Em quem confiar? As tecnologias chinesas serão mais baratas, graças ao baixo custo de fabricação e os subsídios estatais usados para aumentar a competitividade. Quando esses governos fizerem empréstimos para financiar tais projetos, estarão totalmente alinhados com os novos patrocinadores, sejam chineses ou norte-americanos.

E assim, temos uma Guerra Fria do século XXI em vez da rivalidade amigável que precisamos.

SERÁ QUE A TECNOLOGIA DISRUPTIVA CRIARÁ A CRISE DE QUE PRECISAMOS?

Quando dois estranhos se encontram na rua é mais provável se tratarem com respeito caso estejam andando em vez de dirigindo. A mesma lógica se aplica online. Quando alguém sabe como outra pessoa se chama e sabe algo sobre a vida dela, a probabilidade de elas se respeitarem será maior do que se soubessem apenas seus nomes de usuário de sites e avatares. Infelizmente, nossas vidas online estão cada vez mais isoladas. Recebemos ideias e informações dentro do filtro bolha, descrito anteriormente. Nos Estados Unidos, os defensores da vitória de Donald Trump na eleição de 2020 veem um conjunto de notícias e imagens totalmente diferentes daqueles que consideram os apoiadores de Trump pessoas desiludidas. A COVID só piorou esse problema.

Quando nos conectamos no começo da internet, talvez tenhamos acreditado — e talvez nem paramos para pensar nisso — que todos os usuários tinham acesso às mesmas notícias, opções e oportunidades. Que era apenas uma internet e você tinha acesso a ela ou não. Que pela primeira vez na história, todos fazíamos parte de uma única conversa global. Tal liberdade representava um grande desafio para os governos autoritários em todos os lugares, pois as ditaduras morrem se não controlam o acesso dos cidadãos à informação.

Novas tecnologias posteriores ofereceram aos governos autoritários os filtros, firewalls e botões de desligamento, uma proteção contra "influências estrangeiras" online. A China, em especial, começou a criar mecanismos de busca alternativos e redes sociais alinhadas com os censores do governo. Como resultado, essa internet e a do Ocidente não são as mesmas. Os aplicativos mais usados são diferentes, assim como os filtros responsáveis por determinar quais produtos você será incentivado a comprar, quais informações você precisa ler e com quais pessoas poderá se conectar.

Se a internet pode se tornar uma rede fragmentada, então o metaverso se tornará um universo fragmentado. O comércio de bens e serviços continuará a se tornar global, mas todas as informações digitais compartilhadas entre dispositivos com chips implantados — carros inteligentes, telefones, eletrodomésticos, sensores domésticos, dispositivos de monitoramento médico — e o ambiente externo existirão em ecossistemas separados.

Dividir o mundo em dois campos de seres humanos com quase nenhuma conexão digital e experiências de mundo totalmente separadas criará ainda mais mal-entendidos e desconfianças além dos causados pelos filtros bolha dentro de cada país. Já vimos essas divisões alimentarem o ódio de grupos nos Estados Unidos. Imagine esse problema em escala global.

É por isso que todos nós — líderes políticos, empresariais, formadores de opinião e cidadãos — devemos estar dispostos a coordenar, colaborar e nos comprometer com a melhor forma de administrar essas mudanças. O primeiro passo óbvio para alcançar esse objetivo é reconhecer a futilidade destrutiva de uma nova Guerra Fria. Como disse o computador na cena culminante do filme *Jogos de Guerra,* produzido na época da Guerra Fria: "A única jogada vencedora é não jogar." Em 1983, quando *Jogos de Guerra* foi exibido pela primeira vez, os líderes norte-americanos e soviéticos estavam ansiosos pelo colapso do lado adversário. Agora, não temos essa opção. Os EUA e a China precisam um do outro para ter sucesso e os dois lados reconheceram essa realidade no passado. Nenhum pode prosperar e enfrentar desafios globais sem o outro. À medida que as ferramentas mais poderosas de IA vão ficando online, os órgãos reguladores de diferentes países precisarão trabalhar juntos além das fronteiras para proteger a segurança e a privacidade. Os governos também terão que encontrar um consenso sobre como manter tecnologias perigosas longe de criminosos e terroristas.

Governos e empresas podem trabalhar juntos para ampliar e fortalecer a rede de segurança social, treinando pessoas para novas formas de trabalho, subsidiando a transição futura e oferecendo proteção financeira a quem não consiga seguir as tendências. Os setores público e privado podem investir na redução das crescentes divisões digitais dentro dos países e fazer parcerias com instituições multinacionais para diminuir a distância entre os países para o bem de todos. As regras para limitar a ameaça de armas autônomas e guerra cibernética devem ser negociadas com processos de verificação confiáveis, incluindo formas de inspeções internacionais da era digital. Infelizmente, será necessária uma grande crise, diferente de tudo visto desde a Segunda Guerra Mundial, para forçar políticos e líderes corporativos a olhar além dos próprios interesses e abordar a crescente desigualdade e os perigos do conflito digital. A pandemia não cumpriu esse propósito e as mudanças climáticas talvez venham a ter um sucesso parcial. Mas com essas crises — e considerando eventos anteriores —, podemos aprender lições úteis para nos ajudar a enfrentar os desafios inéditos para a humanidade representados pelas novas armas tecnológicas.

Era uma vez uma época onde não havia regras para controlar o desenvolvimento de armas nucleares e os mísseis usados para lançá-las. Então, aconteceu a crise dos mísseis cubanos e os governos, que não confiavam uns nos outros em outras situações, criaram alguns acordos iniciais para impedir outra crise similar. Desde então, mais países adquiriram recursos nucleares, desafiando as regras existentes, mas essas armas nunca foram usadas em uma guerra desde 1945. Norte-americanos e soviéticos sobreviveram a ameaças e ultimatos durante a Guerra Fria, mas a ameaça comum era clara o suficiente para forçar os líderes de sistemas concorrentes, homens que desprezavam os valores uns dos outros, a se sentarem juntos e fazerem acordos. O horror compartilhado pelo risco de aniquilação nuclear tornou Mikhail Gorbachev e Ronald Reagan amigos, embora discordassem em milhares de coisas menos importantes.

Todas as ameaças atuais também podem ser resolvidas. Vamos começar com as "fake news", as notícias falsas, a desinformação deliberada e as teorias de conspiração assolando a internet e as mídias sociais na atualidade. Essa é uma área em que uma tecnologia pode ser domada pela outra. No começo de 2019, o YouTube lançou um projeto para aperfeiçoar a maneira como seus algoritmos promovem conteúdo.

Esse experimento foi muito bem-sucedido em ensinar uma máquina a reconhecer uma teoria da conspiração ou outra desinformação maligna e tirá-la das primeiras páginas de pesquisa. O conteúdo não é excluído. Apenas não é promovido. De acordo com a ciência comportamental, as teorias da conspiração criam uma vontade por mais teorias da conspiração. Por exemplo, um defensor da Terra plana é mais propenso a aderir à crença de que as vacinas causam autismo. Ao enterrar a desinformação, os provedores de conteúdo podem restringir a demanda ao limitarem o número de pessoas expostas a ela. Essa é uma maneira de treinar o sistema nervoso central global para identificar e rejeitar notícias falsas virais da mesma forma como nosso sistema imunológico, se estiver funcionando corretamente, nos protege de uma infecção.

O Facebook ainda não conseguiu bons resultados como o YouTube com as notícias políticas falsas, mas teve sucesso durante a pior parte da pandemia de COVID ao se livrar de páginas com informações mentirosas e perigosas sobre o vírus e as vacinas. Também proibiu a publicidade política por cerca de quatro meses após a eleição presidencial dos EUA em 2020, mas não cuidou de todos os problemas relacionados à ressonância criada pelos filtros bolha e à propagação de informações falsas e sensacionalistas por seus algoritmos. As empresas de tecnologia não querem gastar dinheiro ou abrir mão do lucro com as ações necessárias para resolver esse problema, mas a indústria do tabaco também não queria advertências de saúde nas embalagens de cigarros, nem proibição da publicidade em transmissões ou maior regulamentação de seus produtos. Foi preciso muitos casos de câncer para mudar essa situação. As empresas de alimentos não queriam colocar uma lista de ingredientes e informações nutricionais detalhadas nas embalagens, mas uma epidemia de obesidade aumentou as demandas por ações corajosas. As mídias sociais, bem como cigarros e alguns aditivos alimentares, são projetadas para serem viciantes. Mas as máquinas podem aprender que os vícios não são saudáveis. Sistemas desenvolvidos para antecipar a necessidade humana de fazer logoff, se exercitar e descansar podem se tornar parte essencial de todas as tecnologias das quais dependeremos para cuidar da nossa saúde. Sobre a desinformação online, como o YouTube nos mostrou, não é tecnicamente difícil programar essas configurações na tecnologia. Conforme a disseminação de notícias falsas fica mais sofisticada e a IA torna praticamente impossível distinguir robôs online de humanos, essa mesma IA que é capaz de soterrar a desinformação também se tornará mais sofisticada.

O governo pode exigir essas mudanças e também deve ser pressionado a agir, assim como aconteceu com as mudanças na indústria de tabaco e alimentos, tudo graças à pressão pública, a organizações de defesa e ações legais. Ao contrário da China, podemos garantir o anonimato dos usuários da internet se criarmos um sistema de contas verificadas vinculadas a humanos reais, responsabilizando as pessoas por violações dos termos de serviços e as impedindo de abrir contas adicionais para burlar o sistema. Os algoritmos da internet atual podem ser regulados para penalizar os disseminadores de notícias falsas, racismo e mensagens violentas. Não podemos esperar até um ataque terrorista matar centenas ou milhares de pessoas. As ameaças gêmeas de desinformação e incitação à violência já estão espalhadas no mundo online.

EM DIREÇÃO A UMA ORGANIZAÇÃO MUNDIAL DE DADOS

Além dos acontecimentos dentro de sociedades específicas, o modelo autoritário de vigilância e controle baseado em tecnologia representa uma ameaça mais ampla. Para encontrar o equilíbrio entre as necessidades legítimas do governo e os direitos dos indivíduos, os governantes e as empresas de tecnologia precisarão entrar em acordo com novas regras internacionais sobre como gerenciar vastos oceanos de dados pessoais e como construir uma instituição multinacional capaz de fazer cumprir essas regras. O obstáculo mais formidável para esse objetivo é o Partido Comunista da China, que tem uma concepção muito diferente das democracias do mundo em relação ao relacionamento adequado entre Estado e cidadão.

Ao atacar gigantes da tecnologia como a Huawei e tentar retirar outras empresas da cadeia de suprimentos global, o governo Trump ensinou aos líderes da China a necessidade de lutarem pela autossuficiência. Como não podem contar com o acesso contínuo ao hardware, software e à propriedade intelectual ocidentais modernos, principalmente porque o governo Biden não mudou todas as decisões anteriores, responderam lançando enormes investimentos financeiros e recursos científicos nesse desafio.

A tentativa da China de criar tecnologia de ponta por conta própria é o desenvolvimento político mais significativo desde a detonação da primeira bomba atômica pela União Soviética em 1949. Em resposta, as democracias do mundo devem construir um sistema multilateral abrangente para controlar a criação e o uso de tecnologias emergentes. Para conseguir isso, os governantes devem entender as complexidades dos problemas que estão tentando resolver, baseando-se na sabedoria de observadores imparciais e capazes de enxergar para onde está indo o desenvolvimento digital do mundo. Este é o equivalente em IA do Painel Intergovernamental sobre Mudanças Climáticas da ONU, um órgão responsável por fornecer informações objetivas e úteis sobre as consequências do aquecimento global. Os governos também devem criar uma instituição multinacional composta por aliados com ideias semelhantes para definir regras e padrões sobre como os dados devem ser usados. O objetivo maior é estimular a engenhosidade humana e permitir a prosperidade sem comprometer a liberdade e minar os direitos humanos. Para isso, devemos imitar a Organização Mundial do Comércio, fundada em 1995 para facilitar negócios, estabelecer melhores práticas comerciais e resolver disputas. De modo geral, ela fez um trabalho excelente nesses quesitos.

Os primeiros passos provavelmente envolverão um grupo informal de governos dispostos a coordenar alguns aspectos da política digital, começando pelos mais fáceis. Os membros podem compartilhar informações sobre investimentos chineses em infraestruturas críticas em seus países e analisar quaisquer preocupações causadas por esses investimentos. Esse tipo de coordenação criará benefícios e punições, empurrando a China para uma interdependência tecnológica maior em áreas em que a cooperação é do interesse de todos. Os EUA devem estabelecer acordos viáveis com aliados e oferecer às suas empresas maior acesso aos consumidores norte-americanos (por exemplo, diminuindo tarifas) para incentivar o maior número de parceiros dispostos a uma adesão de longo prazo. A China já é uma superpotência de dados que não pode ser coagida a seguir exigências. Assim como acontece com a Organização Mundial do Comércio, essa nova aliança deve oferecer incentivos convincentes para a China deixar suas regras mais alinhadas com outras. Também deve encorajar a compatibilidade, caso não haja uma completa integração entre a internet chinesa e a nossa. Quanto mais ampla a aliança, mais a China ganha por fazer parte dela e desiste de não participar.

Não é impossível; já está em andamento. No começo de 2021, o governo Biden fez uma parceria com o Japão, a Índia e a Austrália — membros do Diálogo de Segurança Quadrilateral (Quad), um bloco informal de democracias com interesse comum em promover a democracia e a abertura na região do Indo-Pacífico para discutir questões de política tecnológica. Haverá discussões como essas nos próximos anos em fóruns existentes como o D10 — composto por EUA, Reino Unido, França, Alemanha, Itália, Japão, Canadá, Índia, Austrália e Coreia do Sul, o equivalente a cerca de 60% do PIB mundial —, um poderoso contrapeso potencial para a China. Os membros também debaterão se e como adicionar regras sólidas sobre os dados aos acordos comerciais existentes.

Criar a Organização Mundial de Dados (OMD) com esses princípios será muito complicado e controverso. Os EUA e a União Europeia compartilham valores democráticos, mas têm pontos de vista muito diferentes sobre privacidade de dados e vigilância governamental. A Europa impôs novas regras para limitar o poder de mercado e o risco à privacidade pessoal criado pelas empresas norte-americanas dominantes em redes sociais, buscas online, comércio eletrônico e computação na nuvem. Seus líderes divergem de Washington sobre carros autônomos, automação industrial avançada e IA. Muitas autoridades norte-americanas veem regras de privacidade rígidas, impostos digitais e atualizações na legislação do comércio eletrônico, no estilo da UE, como protecionismo injusto destinado às suas empresas de tecnologia bem-sucedidas. Países como a Índia podem hesitar em se alinhar totalmente com um projeto ocidental que limitaria suas opções de desenvolvimento tecnológico ao impor regras que inibem a inovação. Também existem visões conflitantes entre e dentro dessas nações sobre tecnologias controversas como reconhecimento facial. Além disso, em uma aliança tecnológica bem-sucedida, é necessário um consenso sobre como empresas e governos devem lidar com os dados pessoais. Também deve ser definido um padrão de acesso aos dados por parte das agências de segurança pública e inteligência. Devem ser criadas normas eficazes para a segurança cibernética e dados das máquinas e uma abordagem comum para o uso de dados das infraestruturas críticas. A superação das diferenças entre democracias exigirá o reconhecimento compartilhado de que agora a China está se movendo rapidamente para incorporar seus próprios valores políticos nas tecnologias sendo desenvolvidas, implantadas e exportadas.

Por fim, essa aliança também precisaria concordar com estratégias para engajar a China, a Rússia e outros países que usariam novas tecnologias para fins autoritários, e como atrair essas nações para trabalhar com a OMD. Aqui, a experiência da Organização Mundial do Comércio oferece lições positivas e de advertência, principalmente sobre como as regras de uma organização em expansão podem ser aplicadas. Mas mesmo que a China e a Rússia nunca concordem em aderir, o modelo autoritário de desenvolvimento tecnológico teria um poderoso contraste e todos nós teríamos mais motivos para confiar que as democracias continuarão sendo democracias e que os direitos e liberdade individuais perdurarão.

Os EUA permanecem no centro da inovação tecnológica. A Europa oferece experiência em regulamentações inteligentes. O Japão e a Coreia do Sul podem fornecer talento tecnológico e disposição para adotar novas tecnologias mais rápido. A Índia tem alguns dos melhores engenheiros de informação do mundo e o tamanho de sua população, em breve a maior do mundo, fará com que ela se torne a líder mundial em coleta de dados e, portanto, em inovações de dados. Outras democracias podem fornecer contribuições vitais.

Mais cedo ou mais tarde, os países mais pobres serão forçados a escolher entre as várias "pilhas tecnológicas" concorrentes, incluindo sistemas chineses que são mais propensos a minar a liberdade individual se comparados com as versões ocidentais. Uma Organização Mundial de Dados composta por Estados Unidos, União Europeia, Japão e outras democracias avançadas pode ser uma alternativa atraente, uma escolha acompanhada por conexões comerciais e de segurança às sociedades ocidentais, algo impossível de ser oferecido pela China.

O objetivo aqui não é "derrotar" a China, mas sim incentivá-la a trabalhar com o resto do mundo. Isso não significa se tornar uma democracia. Mas seus líderes sabem que seu país nunca alcançará a verdadeira segurança nacional sem acesso aos mercados norte-americano e europeu, pois estes são os alicerces de sua prosperidade. Em suma, uma Organização Mundial dos Dados pode oferecer uma alternativa ao ponto de vista autoritário da China sobre internet, dados e inteligência artificial — uma opção que a própria China pode adotar.

De forma mais abrangente, precisamos de uma discussão global sobre todas as maneiras pelas quais as empresas de tecnologia desempenharão papéis cada vez maiores em nossas vidas. Os líderes mundiais têm se reunido todos os anos desde meados da década de 1990 para discutir as mudanças climáticas. A Cúpula do Clima da COP agora é um evento global de planejamento que ajuda a impulsionar novos acordos e progressos. Precisamos de uma Cúpula Anual de Políticas de Tecnologia da ONU capaz de reunir políticas públicas e líderes do setor público, engenheiros, cientistas sociais e ativistas. Tal como acontece com o aumento do nível do mar e a instabilidade dos padrões climáticos, devemos criar uma comunidade global para conduzir a pauta para limitar os possíveis danos infligidos à democracia e às sociedades pelas empresas de tecnologia. Essa é uma prioridade urgente porque as tecnologias disruptivas e suas empresas criadoras estão mudando nossas vidas com mais rapidez e de forma mais decisiva que o aquecimento global.

A COVID-19 nos mostrou o quanto cada nação pode se beneficiar quando os governos e o setor privado compartilham informações e recursos — e como vastos danos humanos, econômicos e políticos podem ser causados quando não o fazem. As mudanças climáticas nos darão uma oportunidade muito maior de coordenar respostas além das fronteiras — ou sofrer as consequências de não o fazer. O desenvolvimento rápido de novas de tecnologias apresenta os maiores benefícios se colaborarmos além das fronteiras — e as maiores ameaças à nossa espécie caso não deixemos de fazer isso. Se os governos não mantiverem as armas cibernéticas fora das mãos de Estados instáveis e terroristas, os danos à economia e à segurança que eles infligem podem ser enormes. Caso os governos não compartilhem dados sobre desenvolvimentos na computação quântica, um governo acabará ganhando o poder de derrotar a criptografia em escala global, tornando todos os outros países indefesos. Mesmo a simples ameaça de tal avanço pode desencadear a

Terceira Guerra Mundial e ameaçar a sobrevivência da raça humana. Por isso, este momento é muito mais perigoso que a década de 1930. Uma próxima guerra mundial será travada com armas mais destrutivas que tanques e aviões de combate — ou mesmo bombas atômicas — e o conflito não se limitará aos "teatros de guerra". Será universal.

CONCLUSÃO

O acaso favorece apenas a mente preparada.

— LOUIS PASTEUR

Vivemos em uma época de oportunidades extraordinárias. Nunca antes tantos humanos tiveram a chance de sobreviver ao parto, ir à escola, sair da pobreza, ter acesso ao ensino superior, conhecer pessoas de outros lugares, conseguir um emprego, abrir um negócio, ter uma renda estável, inventar algo, votar, receber atendimento médico de qualidade, atravessar fronteiras e oferecer essas mesmas vantagens aos filhos. Nos dias atuais, bilhões de pessoas têm comodidades e oportunidades muito além do alcance dos reis medievais. As invenções humanas atingiram patamares inimagináveis há uma geração.

Mas, como detalhei ao longo deste livro, também enfrentamos riscos de catástrofes. Os ganhos históricos dos últimos cinquenta anos — incluindo o mais importante, o surgimento da primeira classe média mundial — estão ameaçados pelo fracasso de nossos líderes em trabalharem juntos para nos proteger de doenças contagiosas, aumento do nível mar, mudanças climáticas, maremotos de desinformação tóxica, perturbações humanas criadas por tecnologias que acabam com empregos, ditadura digitalmente aprimorada e novos tipos de guerra.

E tudo está acontecendo rápido demais. Não houve vida inteligente em nosso planeta por bilhões de anos. Por milhões, havia inteligência, mas não humanos. Por outros milhões, havia alguns humanos, mas não cooperação, nem mesmo comunicação, para construir sociedades e possibilitar o progresso. Depois veio o comércio entre pessoas que caçavam e pescavam para sobreviver. Os termos de negociação tornaram-se mais complexos, regras foram escritas e autoridade independentes foram criadas para resolver disputas. Populações e relações complexas começaram a crescer. Em 1 d.C., havia 170 milhões de pessoas na Terra. Ao longo dos mil anos seguintes, esse número aumentou para 254 milhões. Devido à peste bubônica, ainda havia apenas 343 milhões de humanos em 1400. Demorou 2 milhões de anos para alcançar uma população de 1 bilhão de pessoas (em 1804) e apenas mais 200 anos para chegar a 7 bilhões.

A aceleração do desenvolvimento é ainda mais evidente em nossas tecnologias. No início do século XX, os soldados ainda lutavam a cavalo e, em 1945, os Estados Unidos lançaram bombas atômicas em duas cidades japonesas. Também podemos pensar nos avanços na comunicação. A primeira chamada de um celular foi feita em 1973 com um aparelho que pesava 1,5kg. Em 1989, Tim Berners-Lee inventou a World Wide Web e o primeiro navegador. Hoje, mais de 4,4 bilhões de pessoas acessam o ciberespaço. Pense na rapidez com que os aviões nos levaram a novas alturas. Em 1903, Orville Wright pilotou um biplano a uma altitude de 40m e permaneceu no ar por 12 segundos. Apenas 58 anos depois, a União Soviética lançou Yuri Gagarin no espaço e 8 anos depois, Neil Armstrong saltou pela superfície da lua. Em 2021, a NASA fez um drone voar enquanto carregava um pedaço do avião dos irmãos Wright pela superfície de Marte.

Agora, imagine 25 anos no futuro. Precisamos dessas perspectivas para ver onde estamos, para onde estamos indo e quão rápido estamos chegando lá. Nossa capacidade de criação e destruição está acelerando mais rápido do que podemos controlar. Liberamos forças que estão mudando o planeta e escapando ao nosso controle e, se não conseguirmos encontrar um consenso sobre como gerenciar as consequências, podemos destruir todas as criações humanas.

Chegamos a um impasse. Como espero que este livro tenha persuadido você a perceber, desafios globais sem precedentes não estão à espreita em algum lugar do nosso futuro; já estão aqui hoje. As mudanças climáticas ficarão mais intensas, não importa o que façamos, e seus efeitos serão sentidos em todos os lugares. Grande parte do nosso planeta está se tornando hostil à vida. Os países e indivíduos mais ricos gastarão suas fortunas para se protegerem dos piores efeitos dessa calamidade em andamento, mas a turbulência e a miséria continuarão. Apenas uma resposta global pode limitar os danos. Nossos líderes políticos, econômicos e filantrópicos devem se comprometer, cooperar e coordenar de novas maneiras.

Conforme as mudanças climáticas arruínam mais vidas e deslocam mais pessoas criando uma maior desigualdade global, milhões de vítimas ficarão desesperadas e iradas. Algumas delas expressarão essas emoções através da violência e, como já vimos no curso da história, violência pode gerar mais violência. O dano aos privilegiados é limitado quando os desprivilegiados têm apenas paus e pedras. Ou revólveres. Ou uma bomba de fertilizante. Mas quando a capacidade de invenção humana lhes der acesso a novas tecnologias perigosas, armas capazes de atingir os espaços compartilhados por todos, nos mundos real e virtual, elas matarão mais pessoas e desestabilizarão sociedades inteiras.

A velocidade da mudança tecnológica é o maior risco de todos. Agora, as empresas estão usando inteligência artificial para descobrir maneiras mais eficientes de mudar o comportamento humano em troca de lucro — e sem entender o verdadeiro efeito dessa tecnologia na vida das pessoas dependentes dela. Mesmo em tempos de pandemia, quando dezenas de milhões de vidas estão em jogo, não usamos uma vacina até testá-la. Queremos saber como afetará as pessoas, se as protegerá, qual a duração dos efeitos e se tem efeitos colaterais. Criamos regras para o tabaco e o álcool. Tentamos não deixar as crianças fumar cigarros ou usar narcóticos. Mas quando desenvolvemos novos algoritmos que determinam quais ideias, informações e imagens ingerimos, os produtos que consumimos, como gastamos nosso dinheiro e interagimos com outras pessoas, não fazemos nenhum teste. Apenas injetamos tudo isso na corrente sanguínea do organismo político. Novas tecnologias já estão alterando o significado de ser humano — e não temos ideia de onde isso pode nos levar.

Esses são problemas que nenhuma nação pode resolver sozinha. E por esse motivo, criam a oportunidade mais importante que os humanos já tiveram de combinar suas imaginações práticas e morais para o bem de todos.

COOPERAÇÃO PRÁTICA

Pessoas em todos os lugares — em democracias e ditaduras, países ricos e pobres e em todos os lugares intermediários — compartilham muitas das mesmas aspirações: segurança, dignidade, prosperidade. Queremos acesso fácil a comida e água. Queremos leis que nos protejam, que protejam nossas posses e nossos direitos. Queremos uma chance justa de ganhar a vida. Se perdermos um emprego, queremos saber se podemos encontrar outro. Queremos as mesmas coisas para nossos filhos.

Cada vez mais, tudo depende do que acontece muito além de nossas fronteiras. As fronteiras mudam, impérios nascem e morrem, alianças se formam e se desfazem e líderes políticos vêm e vão, porém, mais do que nunca, os problemas de outras pessoas estão se tornando nossos problemas. O pânico assusta os mercados em todos os continentes. Tempestades destroem paredões costeiros. Doenças se espalham. Crimes desencadeiam mais crimes. Turbulências políticas remodelam sociedades. Guerras mudam vidas a milhares de quilômetros de distância do campo de batalha. Até as pessoas mais ricas do mundo partirem para o espaço e construírem suas novas casas interestelares, todos nós compartilharemos um único ecossistema, metafórica e literalmente.

Este livro é um argumento para a cooperação prática em alguns problemas importantes. Não precisamos gostar um do outro, muito menos concordar com um único conjunto de valores políticos e econômicos. Não precisamos de todos trabalhando juntos. Não precisamos resolver todos os problemas. Com certeza, não precisamos de um único governo mundial para nos salvar do caos. Mas nunca foi tão óbvio a necessidade de os cidadãos de todas as nações cooperarem, pelo menos no que diz respeito ao benefício quase universal em relação a objetivos impossíveis de alcançarmos sozinhos.

Eu sou um norte-americano patriota. Sou muito grato por tudo que meu país fez por mim e por quem eu amo, e por todas as oportunidades criadas para nós. Mas não sou um nacionalista. Não acredito que nossos valores sejam naturalmente superiores aos dos outros. Os EUA são uma comunidade de pessoas com opiniões diversas e crenças conflitantes, um agrupamento de todas as raças, de pessoas com crenças diferentes ou crença nenhuma. Tampouco acredito que os "valores americanos" ofereçam a melhor solução para todos os problemas. A democracia representativa é a melhor forma de governo na minha opinião, mas nenhuma nação governada por um ditador estaria melhor se realizasse eleições livres daqui a três meses. A democracia leva tempo para ser construída e não é a melhor forma de governo para cada estágio de desenvolvimento de uma nação. Foi o comunismo soviético tirânico que tirou a Rússia do feudalismo czarista em 1917 e colocou Gagarin em órbita apenas 44 anos depois. Nenhuma democracia tirou centenas de milhões de pessoas da pobreza como o partido comunista chinês o fez. Os comunistas soviéticos e chineses são responsáveis por alguns dos piores crimes contra pessoas inocentes na história. Mas também é verdade que grande parte da prosperidade democrática europeia de hoje foi construída sobre séculos de imperialismo e a maioria da riqueza atual dos EUA foi acumulada por causa de pessoas trazidas em correntes. Por não ser nacionalista, posso aceitar todas essas coisas como verdadeiras.

Nem acredito numa marcha inexorável em direção à paz, igualdade, justiça ou liberdade. A história nos mostra que nenhum desses resultados é inevitável. No entanto, por dezenas de milhares de anos, mesmo expandindo nossa habilidade de matar, também ampliamos nossa capacidade de exploração. A arqueologia revela uma progressão na história humana do simples ao complexo. A colaboração entre pessoas formou a base dessa complexidade. Da invenção da roda, passando pelos primórdios de uma economia de troca e o desenvolvimento da democracia, até a criação de uma cadeia de suprimentos e rede de segurança social, nossas conquistas tornaram-se cada vez mais dependentes, não apenas de novas tecnologias, mas também de complexas formas de engajamento social, cooperação e coordenação. Nossa vontade de cooperar deve progredir mais rápido que as forças destrutivas que colocamos em movimento.

O processo atualmente chamado de globalização deixou muitos pobres vivendo em dificuldades ao lado dos ricos. Ao tratar eficiência e lucratividade como o único caminho para a prosperidade, criamos uma forma brutal de governança que envenena o solo em que as sociedades crescem e proprietários e acionistas lucram enquanto descartam milhões de pessoas. A redução desse tipo de desigualdade perigosa começa em casa, preparando os trabalhadores para absorver os impactos e enfrentar os desafios que inevitavelmente acompanham mudanças aceleradas. E um novo sistema internacional de cooperação não pode ser construído todo de uma vez só. Começará com a colaboração entre aliados e povos com ideais semelhantes, países alinhados com os mesmos valores políticos e pessoas que já confiam umas nas outras, antes de os governos mais céticos encontrem vantagens em aderir a tais projetos. Para chegar lá, os aliados terão que criar uma nova barganha com os rivais.

Parece utópico? Antes de cedermos ao cinismo simples, vamos nos lembrar do precedente histórico de uma visão tão grandiosa — *um precedente que garantiu a sobrevivência e a prosperidade de bilhões de humanos no mundo moderno.*

Após a Primeira Guerra Mundial, um conflito com um epíteto otimista, "a guerra para acabar com todas as guerras", fez muitos norte-americanos acharem melhor os futuros presidentes manterem seus soldados fora de todas as futuras guerras europeias. As tentativas de construir uma Liga das Nações falharam, em parte porque os Estados Unidos se recusaram a aderir e a Alemanha, a Itália e o Japão renunciaram. Nas décadas de 1920 e 1930, ainda era possível acreditar que os oceanos Atlântico e Pacífico forneciam toda a segurança necessária para os norte-americanos e que os acontecimentos na Europa, na Ásia, na África e no Oriente Médio eram irrelevantes para a vida deles. Potências europeias vitoriosas achavam que a Alemanha pós-Primeira Guerra Mundial deveria ser arruinada e humilhada. Como se a vida pudesse voltar ao normal, como antes da guerra, após os tiros cessarem e os rapazes voltarem para casa. Como se uma nação poderosa ajoelhada nunca mais pudesse se levantar para ameaçar a paz.

Uma geração depois, a Segunda Guerra Mundial matou 75 milhões de pessoas e, ao final do conflito, a Casa Branca e o Pentágono finalmente acharam uma ideia inteligente investir os dólares dos contribuintes no futuro dos muitos países que fizeram o melhor para acabar com o estilo de vida norte-americano. Esse investimento sábio e inédito tornou o mundo mais seguro para a democracia em nações prontas para construí-la e possibilitou o comércio em lugares onde indústrias poderiam ser reconstruídas.

As duas guerras mundiais revelaram o poder da nossa espécie de inventar meios muito eficazes de destruir a vida, mas também aumentaram nossa capacidade de cooperação — para o bem individual e coletivo. O fascismo foi derrotado. Impérios desmoronaram e milhões conquistaram a independência. A humanidade provou sua resiliência. O comércio e o investimento global, possíveis por causa das novas tecnologias, deram grandes saltos. Mais países se tornaram democracias. Sobretudo, os aliados vitoriosos criaram um novo sistema de governança internacional baseado no princípio de que o conflito não seria encerrado até cada um de nós aceitar a responsabilidade por todos nós. A Organização das Nações Unidas foi criada para institucionalizar um compromisso global com a segurança, a dignidade e a prosperidade. A Carta da ONU compromete a organização a "alcançar o objetivo de cooperação internacional na solução de problemas mundiais de caráter econômico, social, cultural ou humanitário". Outras instituições foram criadas para ajudar países pobres a desenvolverem sistemas políticos para o bem dos cidadãos, fornecer ajuda financeira aos mais necessitados e facilitar o comércio livre e justo para compartilhar recursos de modo a combater doenças e promover o respeito às leis internacionais. A Segunda Guerra Mundial foi a maior catástrofe enfrentada pela raça humana. Também foi a crise necessária para nos esforçarmos e garantir a sobrevivência da nossa espécie no século XX e até prosperar.

Inúmeros livros e artigos detalharam as muitas falhas dessas organizações. Hoje, elas refletem um equilíbrio de poder e influência que existia em 1962, não em 2022. Mas se descartássemos todas amanhã, precisaríamos reinventá-las no dia seguinte: o mundo interdependente representado por elas representa um papel exponencialmente maior na vida de cada um de nós do que quando essas entidades foram fundadas. As Nações Unidas dão voz a todas as nações no cenário internacional e ajudam os países mais poderosos do mundo a limitar o risco de guerras entre si e com outros países. Suas forças internacionais de paz vêm de muitas nações, possibilitando que seus membros dividam as responsabilidades, os riscos e custos decorrentes da manutenção da paz e do alívio da miséria e das consequências dos conflitos. Ela salvou vidas em muitos lugares e falhou em salvar outras, mas os sucessos beneficiaram inúmeras pessoas e merecem muito crédito por evitar outra guerra mundial.

Da mesma forma, a Organização Mundial do Comércio beneficia todos os seus integrantes. As regras criadas por ela não podem impedir todas as disputas comerciais, e a aplicação da lei é lenta e incompleta. Porém, como em qualquer arena de competição intensa, é muito melhor ter regras imperfeitas e um intermediário falível do que nenhuma regra. O Fundo Monetário Internacional e outros credores multinacionais oferecem uma salvação financeira para nações necessitadas, muitas vezes como último recurso. Seus termos de empréstimo às vezes geram controvérsia, suspeita e desgosto, mas ajudaram muitos países em desenvolvimento e seus cidadãos a evitar catástrofes.

A União Europeia, que evoluiu de uma zona de livre comércio para a organização multinacional de governo mais ambiciosa da história, também gerou a própria parcela de frustração, desconfiança e cinismo. Muitos cidadãos dos Estados-membros acusam as elites políticas de usarem entidades da UE para criar regras úteis somente para os governos mais poderosos e prejudicar estados menores, beneficiando empresas multinacionais à custa das pequenas empresas, e de atenderem às necessidades dos burocratas à custa da liberdade individual. Mas a UE ajudou a eliminar as guerras em um continente responsável pelos dois conflitos mais destrutivos da história. Ajudou todos os países-membros a superar o peso econômico nas relações com os Estados Unidos, a Rússia e a China. Ofereceu aos cidadãos a oportunidade, outrora impensável, de cruzar livremente as fronteiras nacionais em busca de melhores oportunidades. Limpou o ar e a água em países cujos próprios governos podem não estar dispostos ou serem capazes de gastar com esse tipo de projeto. Assumiu a liderança nos padrões de clima e de privacidade tecnológica. Criou um sistema no qual países mais ricos podem melhorar os padrões de vida dos membros mais pobres — e, às vezes, ajudar a resgatá-los de crises. Serviu como modelo de cooperação para o resto do mundo.

É fácil criticar todas essas instituições; especialmente para quem lucra com as críticas. Mas todas elas ajudam a proteger a segurança, a dignidade e as oportunidades das pessoas em todo o mundo. Protegem os direitos humanos. Diminuem o risco de guerras. E, mais importante, aliviam o fardo de cada governo individual ao criarem uma estrutura que apoia a responsabilidade coletiva. A cada ano que passa, há menos pessoas com idade suficiente para lembrar dos horrores da Segunda Guerra Mundial e dos desafios da descolonização que inspiraram e necessitaram dessas organizações.

Não devemos esquecer as lições ensinadas por essas instituições. Se esquecermos, precisaremos aprendê-las novamente — com ainda mais sofrimento que nas lições anteriores.

A ROTA DE COLISÃO

No Capítulo 1, detalhei dois riscos de colisão. O primeiro é a luta entre democratas e republicanos nos EUA, que prejudicou gravemente a vida política e a integridade democrática da única superpotência do mundo. O segundo é o conflito entre o poder estabelecido dos EUA e o poder crescente da China. Desviar os governos e as instituições mais poderosos do mundo do enfrentamento dos verdadeiros desafios futuros é o maior risco representando por ambos. Todos estamos em rota de colisão com a inevitável próxima emergência de saúde global, as mudanças climáticas e o poder das novas tecnologias disruptivas capazes de desestabilizar nossas vidas e sociedades. Esses são os riscos do nosso futuro coletivo. Cada momento, ideia, grama de energia e dólar desperdiçado lutando uns contra os outros, em casa ou em alguma zona de guerra potencial, aumenta o risco de todos nós sofrermos juntos quando essas ameaças globais crescerem além de nossa habilidade de controlá-las.

Eu não acredito que a política envenenada dos Estados Unidos destrua a própria democracia. As ameaças à integridade das instituições são reais, mas elas já absorveram grandes impactos antes. Não subestimo o dano que o partidarismo venoso pode causar na vida norte-americana, mas ainda acredito na disposição dos norte-americanos de defenderem a democracia quando ela realmente estiver ameaçada e na capacidade das instituições de colocar a lei acima dos preconceitos culturais. Não acredito na possibilidade real de guerra entre os Estados Unidos e a China por causa de Taiwan ou qualquer outra coisa. Os dois países têm muito a perder com uma colisão catastrófica, e nem Washington nem Pequim devem esperar apoio de outros governos nesse caminho desastroso. Mas... escrevi este livro porque estou preocupado que republicanos, democratas e os líderes dos EUA e da China estejam muito ocupados se preparando para possíveis conflitos uns com os outros em vez de se prepararem para as verdadeiras tempestades iminentes. Para atingir esse propósito, precisam cooperar; de outro modo, suas ilusões sobre quais seriam os assuntos mais importantes os impedirão de colaborar.

UMA CRISE DE CACHINHOS DOURADOS

Os humanos funcionam de forma mais eficaz quando uma crise exige atenção e elucida sobre o desafio a ser enfrentado. Mas não é qualquer emergência que o fará. Precisamos de uma “crise de Cachinhos Dourados”, grande o suficiente para forçar nosso engajamento, mas não tão destrutiva a ponto de não reagirmos com eficácia. Precisamos de uma crise assustadora o bastante para nos forçar a encarar de frente os riscos representados por um colapso geopolítico, uma futura pandemia, as mudanças climáticas e os vastos impactos da revolução tecnológica. Uma crise capaz de causar tanta dor e risco para quem está no poder a ponto de eles aceitarem que colaboração e comprometimento são as únicas proteções contra a derrota total. Uma crise grande o suficiente que nos una em projetos comuns para enfrentar os desafios detalhados neste livro.

Nos primeiros dias da COVID-19, parecia que a pandemia poderia criar uma verdadeira crise de Cachinhos Dourados. Certamente era grande o suficiente para atingir bilhões de pessoas. Todos os governantes do mundo foram forçados a reagir. O dano econômico resultante foi grave e será duradouro. O vírus prejudicou governos, líderes políticos e empresas resistentes a mudanças enquanto fortalecia cientistas e inovadores capazes de nos ajudar a entender a ameaça e a lidar com as consequências. Enfrentamos uma ameaça comum que, de certa forma, era tão estrangeira e insidiosa quanto a hipotética invasão alienígena de Ronald Reagan. Ainda assim, muitos de nossos líderes políticos tentaram usar essa crise para atiçar a raiva, no próprio país e no exterior.

Como vimos no Capítulo 2, os avanços em testes, rastreamento de contatos, tratamento e desenvolvimento de vacinas nos ajudarão a enfrentar a próxima tempestade viral. As consequências da COVID na economia global acelerarão a transição da economia tradicional do século XX para um futuro digital onde a maioria das pessoas trabalha, compra e aprende online. A pandemia também fortaleceu as empresas mais comprometidas com o comércio ecológico. Mas a COVID não fez o suficiente para convencer os governos de que o futuro exigirá novas ideias sobre como fornecer segurança e possibilitar a prosperidade. O projeto COVAX ofereceu um modelo excelente para a cooperação futura na saúde global, mas poucos governos investiram nele e o governo Trump não forneceu apoio no momento mais crítico para seu possível sucesso.

Como em crises anteriores, a pandemia fez os bancos centrais começarem a imprimir dinheiro para ajudar os países a lidar com a situação. Foi necessário, mas pouco fez para resolver as desigualdades crescentes que nos afligem. Em vez de inventar e investir em novas instituições, por exemplo, uma Organização Mundial de Dados, nossos líderes parecem satisfeitos em tratar os sintomas e não a doença ameaçando a todos nós. As mudanças climáticas e as novas tecnologias disruptivas representam crises maiores que a COVID e podem ser as origens das instituições domésticas e internacionais necessárias. Devemos agir agora para estarmos prontos para aproveitar as oportunidades criadas por essas crises iminentes.

UMA VISÃO POSITIVA

Porém, para inventar novas formas de cooperação prática, os humanos precisam de algo mais do que o medo desencadeado pela crise. Precisamos de uma visão positiva para o futuro, planos que possamos colocar em ação quando e conforme necessário. Muitos de nossos líderes e muitos de nós se concentram no que não podemos fazer e no que acreditamos que os outros não farão. Fechamos portas antes de vislumbrar o que pode estar do outro lado. A complacência permite a prevalência do cinismo e do hábito. Também nos concentramos demais em satisfazer as necessidades de curto prazo. Os consumidores não são os únicos desejando gratificação imediata. Políticos, líderes empresarias e acionistas também a querem. Eles e nós nos fixamos no mandato do líder atual, no curso deste ano, no cumprimento de metas trimestrais ou no próximo ciclo de notícias. Talvez nossa maior falha: quase nenhum de nós está disposto a plantar sementes que serão colhidas por outros.

Para sobreviver aos desafios futuros, precisamos que nossos líderes ouçam uns aos outros e às pessoas em todos os lugares. Não precisam concordar em assuntos políticos, econômicos, culturais ou valores nacionais. Porém, devem concordar que conflitos entre grandes potências, futuras crises de saúde pública e novas tecnologias representam ameaças globais — e que a sobrevivência de nossa espécie depende da cooperação. Precisam concordar sobre em que investir e como compartilhar custos e riscos.

Nos capítulos anteriores, ofereci muitas estratégias possíveis para formar a base de um comprometimento, de uma cooperação e de uma coordenação entre as nações. Aqui estão elas novamente:

COVAX Global

Em resposta à COVID-19, 172 países assinaram o projeto COVAX, uma parceria com fabricantes de vacinas para garantir acesso igualitário em todo mundo ao imunizante. A China, a Rússia e os Estados Unidos demoraram a aderir. Se a iniciativa tivesse recebido o apoio e o investimento de todos os principais governos do mundo, teria sido mais eficaz na distribuição global rápida e justa de vacinas. Deve ser reforçada em preparação para a próxima pandemia. E a COVAX ainda pode fornecer o avanço na imaginação global que é necessário para a criação de projetos de parceria semelhantes — e mais eficazes — para responder a emergências futuras de todos os tipos.

Um Acordo Vinculativo sobre Reduções nas Emissões de Carbono

As mudanças climáticas não podem ser contidas a menos que as emissões de carbono na atmosfera sejam reduzidas a zero emissões até 2050. Ninguém quer fazer muitos sacrifícios e o progresso depende da confiança de que as promessas dos outros serão cumpridas. Qualquer acordo sobre emissões deve ser vinculativo e verificado por monitores internacionais independentes. Soluções confiáveis exigem vontade política e avanços científicos, além disso, os governos podem dividir os custos do desenvolvimento de tecnologias úteis para acelerar o progresso.

Um Plano Marshall Ecológico

Um acordo vinculativo sobre emissões pode fazer parte de um pacto internacional mais amplo para investir e migrar para energia renovável, criar trabalhos ecológicos e realojar os muitos milhões de desabrigados pelos danos causados pelas mudanças climáticas, mesmo nos melhores cenários. Deve incluir um acordo global sobre os direitos dos refugiados capaz de ajudar a evitar futuros conflitos e atender às necessidades humanitárias cada vez mais urgentes. Ao contrário do Plano Marshall que ajudou a reconstruir a Europa após a Segunda Guerra Mundial apenas com fundos dos EUA, o sucesso do Plano Marshall Ecológico dependerá de custos e outras responsabilidades compartilhados globalmente.

Uma Organização Mundial dos Dados

O mundo precisa urgentemente gerenciar, por meio de uma fonte independente, os dados em volumes crescentes produzidos pelos humanos. Precisamos de regras e padrões aplicáveis tanto aos governos quanto às empresas que possuem e usam nossas informações pessoais. Assim como o Painel Intergovernamental sobre Mudanças Climáticas das Nações Unidas oferece perspectivas independentes sobre o aquecimento global e a Organização Mundial do Comércio cria regras para resolver disputas e facilitar o comércio entre todos os membros, uma Organização Mundial de Dados pode controlar a inteligência artificial, a privacidade, a propriedade intelectual e o direito dos cidadãos. A China e outros governos autoritários demorarão a aderir porque não concordarão com as democracias sobre uma melhor forma de balancear a segurança, a privacidade, a proteção à propriedade e a liberdade pessoal. Porém, se as democracias com ideias similares criarem a organização e ela estabelecer padrões que criem oportunidades, o comprometimento futuro para o bem de todos se tornará possível.

QUEM ENFRENTARÁ ESSES DESAFIOS?

Como escrevi no Capítulo 1, os Estados Unidos não estão no caminho da reconciliação entre esquerda e direita. A eleição presidencial de 2024 provavelmente será a pior e mais perigosa da história norte-americana. Não é exagero. Os próximos anos prometem mais amargura da guerra entre esquerda e direita, principalmente porque Donald Trump continua a atacar as instituições da democracia. Felizmente, o mundo não precisa da união norte-americana para enfrentar os desafios globais. Só precisamos que a nação mais poderosa do mundo prove sua resiliência mais uma vez e continue a aceitar muitos dos custos e riscos atrelados à liderança em assuntos complexos como as mudanças climáticas e a revolução da IA.

O mundo também não precisa que os EUA e a China resolvam todas as suas diferenças. Isso não acontecerá. Mas se líderes norte-americanos e chineses puderem evitar o aumento da hostilidade e uma nova Guerra Fria, poderão trabalhar juntos nos assuntos climáticos e tecnológicos que ameaçam ambos e os demais países.

Ainda mais importante, caso os piores cenários dentro dos EUA e entre Washington e Pequim puderem ser evitados, ainda haverá espaço suficiente para outros atores desempenharem papéis importantes.

A União Europeia deve desempenhar um papel vital na resposta aos desafios climáticos e tecnológicos e, se os EUA e a China puderem evitar um conflito que force a Europa a alinhar-se totalmente com um lado em detrimento do outro, a UE pode aumentar a cooperação global em todos esses assuntos. Há bons motivos para otimismo. Quando a COVID atingiu a Europa no início de 2020 e os preços do petróleo dispararam em resposta, alguns temiam que, mesmo dentro da UE, líder em política de mudanças climáticas, o impulso para reduzir as emissões de carbono fosse perdido. Crises passadas, incluindo a crise financeira de 2008-2010 e a onda de imigrantes de 2015-2016, criaram divisões entre os países da UE. Mas a COVID ofereceu à UE a oportunidade de traçar o próprio rumo, não apenas na pandemia e na reconstrução, mas também nas mudanças climáticas.

Um dos assuntos mais controversos dentro da UE é se deve ser permitido tributar os Estados-membros para financiar objetivos maiores. Muitos dos países do norte da Europa, mais preocupados com os custos, foram contra a redistribuição de riquezas em larga escala para os membros do sul, financeiramente vulneráveis, incluindo a Itália, a Espanha e a Grécia, países com governos que, segundo os críticos, gastam muito e têm poucos impostos. Mas esses mesmos países do norte são mais favoráveis a um esforço agressivo para limitar as mudanças climáticas. Ao tornar os gastos climáticos o pilar central do pacote orçamentário de €1,8 trilhão e dos planos de auxílio econômico da COVID-19, a Comissão Europeia aumentou o próprio poder de arrecadar fundos para o alívio pandêmico e de mudanças climáticas dos Estados-membros historicamente relutantes. Somente os membros que cumprem os padrões da UE referentes às emissões de carbono e outras políticas relevantes para o clima podem esperar obter um apoio generoso para a recuperação da COVID.

Além disso, o sistema de comércio de emissões da UE está a todo vapor, sendo a melhor ferramenta da Europa para atingir suas metas de redução de emissões para 2030. O plano mais recente da UE pretende reduzir as permissões totais de emissões anuais a cada ano, criando um sistema separado para emissões de transporte e construção e eliminando aos poucos as "permissões gratuitas", concedidas à indústria pesada, companhias áreas e de transporte. Haverá muita controvérsia e negociações complicadas conforme esse plano se concretiza, mas o sistema de comércio de emissões se tornará mais rigoroso e haverá maiores preços de carbono na UE para acelerar as reduções de emissões.

Alguns líderes europeus condicionaram os resgates de indústrias duramente afetadas pela desaceleração da COVID a um "*reshoring*", ou realocação da produção de volta aos países de origem. Isso é bom para os empregos locais e, em algumas indústrias como o setor automotivo, ajuda a garantir que os processos de fabricação e o produto final cumpram as regras climáticas da UE. Também é importante ressaltar que há planos em ação para usar isenções fiscais e penalidades fiscais para estimular empresas sediadas fora da UE a atender os padrões caso queiram fazer negócios na Europa. O dinheiro arrecadado por altos impostos sobre produtos estrangeiros mais poluentes pode ser direcionado para tecnologias ecológicas aprovadas pela UE.

Essas são conquistas históricas e um modelo para o tipo de cooperação necessária no enfrentamento a todos os desafios discutidos neste livro. A UE usou a COVID-19 para combater as mudanças climáticas ao transferir o dinheiro da recuperação para projetos ecológicos, ao deixar claro quais projetos se qualificam como ecológicos, ao obrigar que qualquer dinheiro não destinado a tais projetos não seja usado em nada para piorar o aquecimento global e também ao tornar as metas de emissões mais ambiciosas.

A Europa está igualmente desempenhando um papel crucial na regulamentação de outros assuntos urgentes. Em pautas de uso de dados e privacidade, os líderes da UE estão usando o tamanho do mercado consumidor europeu para definir regras que não podem ser ignoradas pelas empresas de tecnologia. Caso os EUA e a China consigam evitar a nova Guerra Fria, a UE poderá criar regras e estabelecer padrões para impulsionar a coordenação internacional nos desafios descritos neste livro, preservando os direitos e liberdades individuais.

Porém, também precisamos pensar além do governo porque os políticos não podem criar uma nova globalização sozinhos. Existem muitas organizações com influência e interesses se estendendo além das fronteiras de maneiras que o governo não o faz. E elas se tornarão mais importantes. Essa é uma boa notícia, pois a capacidade das organizações globais de provocar mudanças é menos limitada por fronteiras artificiais e podem se adaptar às mudanças com maior rapidez.

As mais importantes são, de longe, as maiores empresas de tecnologia do mundo. Se ainda restava alguma dúvida de que as gigantes da tecnologia acumularam muito poder geopolítico, as consequências do motim de 6 de janeiro no Capitólio dos EUA deveriam tê-las eliminado de uma vez por todas. Embora o Congresso não pudesse responsabilizar Donald Trump por incitar o pior ataque à democracia na história norte-americana, as gigantes da tecnologia tomaram medidas decisivas. Poucas horas depois do ataque ao Congresso, o Facebook, o Twitter, a Apple, o Google e a Amazon suspenderam as contas de Trump e de outros políticos que espalharam mentiras sobre a fraude eleitoral e encorajaram a insurreição.

Eles baniram temporariamente o Parler, um serviço no qual muitos apoiadores de Trump encorajaram ou coordenaram a invasão ao Capitólio, cortando acesso a serviços de hospedagem online e principais lojas de aplicativos. O governo e as autoridades jurídicas não desempenharam nenhum papel neste processo. O bloqueio à plataforma de Trump e seus apoiadores foi uma decisão tomada exclusivamente por empresas com poder sobre códigos, servidores e regras controlados por elas mesmas. Em maio, o Conselho de Supervisão do Facebook, criado em 2020, emitiu um comunicado confirmando a decisão da empresa de suspender a conta de Trump. As empresas de tecnologia também fizerem muito mais do que os governos fizeram, ou puderam, para encontrar e acabar com outros maus usuários do ciberespaço.

O Facebook, o Google, a Amazon, a Microsoft e a Apple acumularam poder suficiente para torná-los árbitros dos assuntos globais, não apenas espectadores. Nenhum outro ator não estatal atual ou durante o curso da história chegou perto desse tipo de influência geopolítica, criando perigos e motivos para otimismo. As principais empresas de tecnologia dos EUA e da China são atores centrais no drama que determinará se o mundo entrará em uma nova Guerra Fria ou se encaminhará para um futuro mais esperançoso. O Google, o Facebook, a Microsoft, a Amazon, o Alibaba, a Tencent e a ByteDance não estão apenas reagindo às tendências geopolíticas. Estão criando-as.

O poder privado já desempenhou um papel significativo na geopolítica antes. A Companhia das Índias Orientais e seu exército governaram o subcontinente asiático em nome da Coroa nos anos 1700 e 1800. A Big Oil exerceu enorme influência política durante seu apogeu. Mas as maiores empresas de tecnologia de hoje diferem dessas percussoras de duas maneiras essenciais. Primeiro, as gigantes da tecnologia não exercem poder exclusivamente no espaço físico. Elas mantêm e exercem grande influência sobre uma dimensão inteiramente nova na geopolítica: o espaço digital criado por elas. As pessoas fazem negócios com essas empresas para aprender, encontrar um amor, fazer compras e armazenar riquezas — e, às vezes, planejar a derrubada de governos. Nem mesmo o Partido Comunista Chinês pode controlar todo esse território. O espaço físico é finito. O mundo digital está crescendo exponencialmente. Considerando a população bruta, os quase 3 bilhões de usuários mensais ativos do Facebook o tornam duas vezes maior que os maiores países da Terra. Os mais de 2 bilhões de usuários do YouTube abrangem mais de cem países. O Google afirma que mais de 1 bilhão de horas de vídeo são consumidas na plataforma todos os dias. Observadores da indústria estimam que o tamanho total da "dadosfera" — a quantidade de informações digitais criadas e armazenadas em todo o mundo a cada ano — atingiu cerca de 60 zettabytes em 2020. A dadosfera terá uma drástica expansão à medida que a próxima fase da evolução digital vir carros, fábricas e cidades inteiras ligadas a dispositivos conectados à internet, agravando a complexidade do problema para os políticos.

Os próprios políticos estão cada vez mais em débito com o reino digital. A capacidade de um candidato de atrair seguidores no Facebook e no Twitter — além de suas conexões com analistas políticos — libera o dinheiro e os votos necessários para vencer as eleições em muitas democracias. Para uma nova geração de empreendedores, o mecanismo de busca do Google, as ferramentas publicitárias do Facebook, a loja da Amazon, os serviços de hospedagem online e a loja de aplicativos da Apple tornaram-se indispensáveis para a abertura de um negócio de sucesso. Quanto mais as pessoas recorrem ao mundo digital para atender às suas necessidades básicas, maior o trabalho dos governos, muitos dos quais já lutam para cuidar de seus cidadãos diante dos desafios do século XXI como a pandemia, o aumento da desigualdade de renda, a epidemia de opioides, as mudanças climáticas e a disrupção social e econômica desencadeada pela rápida inovação.

Os governos estão lutando contra essa usurpação de poder. A China tem como alvo empresas de tecnologia domésticas como o Alibaba, o Ant Group e outras empresas online. A UE tentou regular o uso de dados, conteúdo online e *gatekeepers* da internet para proteger a privacidade de seus cidadãos. Uma série de novos projetos de lei antitruste apresentados no Congresso em 2021 e a pressão contínua da Índia sobre empresas estrangeiras de mídia social como o Twitter mostram como os governos de todo mundo estão tentando impor a própria vontade em um reino digital incontrolável. Porém, os governos costumam demorar a regular um cenário compreendido por poucos legisladores e as empresas de tecnologia provaram ser resistentes aos esforços do governo para reverter seu acúmulo de poder.

As empresas de tecnologia também são diferentes dos antigos agentes do poder do setor privado nos quesitos profundidade e amplitude de alcance. No passado, muitas companhias privadas forneciam água, eletricidade, transporte e outros serviços essenciais. Hoje, algumas das gigantes tecnológicas têm papéis vitais nessas áreas e em muitas outras. Comecemos com o próprio setor de TI. Apenas quatro empresas — Microsoft, Amazon, Google e Alibaba — são responsáveis pela maior parte da demanda mundial por serviços em nuvem. No primeiro ano da pandemia da COVID-19, essa estrutura de computação essencial manteve a economia global funcionando, permitiu que as pessoas trabalhassem e ajudou a estabelecer salas de aula virtuais onde as crianças continuaram aprendendo. Muito em breve, o sucesso de todos os setores e governos dependerá quase inteiramente da eficiência com que aproveitarem as novas oportunidades geradas por redes 5G, IA e internet das coisas. Todas funcionam em infraestruturas criadas e gerenciadas por essas líderes da nuvem.

A capacidade das empresas de tecnologia de trabalhar com governos e entre si para responder a futuras pandemias, limitar os danos das mudanças climáticas e construir uma abordagem mais racional para a introdução de novas tecnologias em nossas vidas e sociedades dependerá de como será conduzida, por objetivos *globalistas, tecnoutópicos* ou *nacionalistas*.

Todas as empresas existem para ganhar dinheiro. Para companhias que fornecem serviços digitais, é mais fácil operar em escala global. Por décadas, as empresas tecnológicas mais bem-sucedidas seguiram uma fórmula simples: criar um aplicativo incrível e vendê-lo pelo maior valor possível. A Microsoft, a Amazon, o Google, o Facebook e a Apple construíram seus impérios agindo como *globalistas*. Primeiro, trabalharam para dominar um nicho economicamente valioso, depois começaram a vender seus serviços em todo o mundo. Corporações chinesas como o Alibaba, a Tencent e a ByteDance surgiram no topo do enorme mercado doméstico da China antes de se tornarem globais, mas o princípio por trás desse crescimento é o mesmo: criarem lojas no maior número possível de países, localizarem conteúdos necessários e se tornarem concorrentes vorazes. Os departamentos de relações governamentais das principais empresas de tecnologia do mundo — algumas empregando centenas de antigos diplomatas, lobistas e advogados com grande experiência em assuntos do governo — refletem a prioridade que as empresas colocaram na abordagem globalista no curso da história.

O globalismo pode ser o modo padrão do setor de tecnologia, mas compete e, às vezes, se choca com um impulso *tecnoutópico* que também exerce influência significativa no Vale do Silício, em Seattle, em Hangzhou e em Shenzhen. Algumas das companhias de tecnologia mais poderosas do mundo são lideradas por fundadores com visões originais para a função de suas empresas do mundo. No Ocidente, alguns deles, como Mark Zuckerberg ou Larry Page e Sergey Brin no Google, mantêm o controle desmedido de suas empresas por meio de ações de fundadores ou outras estruturas financeiras. Esse cenário os torna menos suscetíveis às formas tradicionais de pressão dos acionistas como acontece com outros fundadores ou CEOs. Todos compartilharam uma visão da tecnologia não apenas como uma oportunidade, mas como uma força potencialmente revolucionária capaz de salvar a humanidade de si mesma. Elon Musk, CEO da Tesla e da SpaceX, talvez seja o exemplo mais conhecido da tendência tecnoutópica com sua ambição explícita de recriar os mercados de energia para evitar o aquecimento global, projetar uma interface cérebro-computador com alta largura de banda e tornar a humanidade uma "espécie multiplanetária" ao colonizar Marte.

O *nacionalismo* também exerce influência nos modelos de negócio das empresas de tecnologia. À medida que o confronto tecnológico entre os EUA e a China se intensificou desde 2016 e a Europa começou a colocar peso político e legislativo por trás de seu mantra de "soberania digital", um número crescente de gigantes da tecnologia respondeu tentando se posicionar como "campeãs nacionais" e parceiras do governo em domínios tecnológicos importantes como computação em nuvem, IA e cibernética. Juntamente com o papel cada vez mais vital da Microsoft no combate a ataques hackers feitos por indivíduos apoiados por Estados e gangues criminosas, ela e a Amazon competem para fornecer infraestrutura de computação em nuvem ao governo dos EUA.

Essas três categorias não transmitem toda a complexidade das empresas de tecnologia ou suas intenções; as companhias de tecnologia são organizações grandes e complexas e as motivações globalistas, tecnoutópicas e nacionalistas se misturam dentro de cada corporação. Mas as categorias ainda podem nos ajudar a entender as escolhas enfrentadas pelas empresas de tecnologia conforme navegam nas mudanças geopolíticas do espaço físico e digital na próxima década. Será que estão alinhadas com os governos que as pressionam a "escolher lados" na luta cada vez mais ideológica entre os EUA e a China? Elas tentam resistir a se tornarem campeãs nacionais, a afastar regulamentações que ameaçam seus modelos de negócio e a manter uma abordagem mais globalista? Ou apostam em um futuro sem os governos, no qual as companhias de tecnologia ajudam a inaugurar um novo contrato social ou até mesmo novas formas de governança humana?

À medida que a competição entre Washington e Pequim se intensifica e que empresas e governantes negociam o controle sobre o espaço digital, as gigantes norte-americanas da tecnologia operarão em um destes três cenários: o Estado reina supremo e as campeãs nacionais são recompensadas; as corporações dominam o Estado, dando às globalistas uma vitória histórica; ou o Estado desaparece, fortalecendo as tecnoutópicas. Veja a seguir como cada um desses cenários pode funcionar.

O Estado Reina Supremo e as Campeãs Nacionais Vencem

Neste cenário, os EUA e seus aliados se organizam para oferecer dinheiro aos governos e criar uma política de recompensa para as empresas "patriotas" cujos modelos de negócios e recursos estejam alinhados com os objetivos nacionais ao mesmo tempo em que pune as empresas fora dos padrões. As companhias, confiantes de que há capital político e financeiro por trás desse esforço, finalmente abandonam a luta por participação de mercado na China e se juntam aos EUA e outros governos ocidentais na esperança de lucrar com um crescimento de gastos públicos em novas infraestruturas conectadas digitalmente e uma série de serviços sociais tecnológicos apoiados por esses governos. O Estado permanece como o provedor dominante de segurança, leis e bens públicos na vida nacional com impactos sistêmicos como a crise financeira global e a pandemia, consolidando ainda mais a importância do governo como a última opção. Nesse cenário, uma pressão bipartidária por maior regulamentação limita os poderes das empresas de tecnologia cujos planos não estão alinhados com o governo. Isso depende de um esforço coordenado dos EUA com governos de outras democracias industriais avançadas para formar alianças de modo a conter a expansão do poder e da influência da China ao mesmo tempo em que fazem grandes investimentos na recuperação da pandemia e na transição ecológica.

Corporações Dominam o Estado / Globalistas Vencem

Neste cenário, o governo continua enfraquecendo conforme a polarização se intensifica e a desigualdade de renda e riqueza cresce junto com a automatização e a digitalização. A reação contra as grandes empresas de tecnologia não consegue produzir grandes reformas relacionadas à privacidade ou ao antitruste capazes de acabar com modelos de negócios, tornando as gigantes de tecnologia as soberanas em grande parte do espaço digital. Os reguladores não conseguem acompanhar a inovação. As empresas se esforçam ainda mais para pressionar políticos e se antecipar à legislação que possa limitar suas operações no exterior, inclusive em países autoritários como a China e a Rússia. Ao contrário das campeãs nacionais, as globalistas se importarão menos em apoiar o governo e mais em mantê-lo fora do caminho. As globalistas precisam de estabilidade para ter sucesso na próxima década. Elas podem sobreviver ao desgaste contínuo das instituições democráticas norte-americanas, mas não ao aumento no poder estatal dos EUA. Podem gerenciar tensões periódicas na relação entre os EUA e a China e até mesmo a desconfiança persistente entre os dois países, mas não uma nova Guerra Fria que as obrigue escolher entre Washington e Pequim.

O Estado Desaparece / As Tecnoutópicas Vencem

Neste cenário, a crescente desilusão pública com os políticos dissolve o contrato social. Os norte-americanos e alguns países em desenvolvimento adotam uma economia digital que mantém o governo a distância e a confiança no dólar como moeda de reserva global entra em colapso. A desintegração da autoridade centralizada na superpotência solitária deixa o mundo menos capaz de lidar com mudanças climáticas, pandemias, proliferação nuclear e outros desafios internacionais.

Para visionários tecnológicos com ambições desmedidas e bolsos cheios, o patriotismo torna-se contestável. Elon Musk desempenha um grande papel na transformação da infraestrutura de transporte, energia e comunicação e na forma como exploramos o espaço. Mark Zuckerberg ganha um controle maior em como nos conectamos pessoal, profissional e politicamente. Dito isso, a corrosão do governo dos EUA não daria total liberdade às tecnoutópicas em todo o mundo. O Estado chinês também precisaria sofrer um colapso na credibilidade doméstica.

Esse modelo globalista, nacionalista e tecnoutópico não se aplica tão perfeitamente à China, onde o governo tem muito poder centralizado. Tecnoutópicos como Jack Ma estão aprendendo a não desafiar o Estado chinês diretamente e até mesmos os globalistas aspirantes são forçados a se comportar como se fossem verdadeiros nacionalistas. O Alibaba, que hospeda os maiores sites de vendas de consumidor para consumidor, de consumidor para empresa e de empresa para consumidor do mundo precisa ter cuidado, assim como a ByteDance, cujo aplicativo de compartilhamento de vídeos TikTok a ajudou a se tornar a empresa unicórnio mais valiosa do planeta. O mesmo acontece com a Tencent, que coopera mais profundamente com a burocracia de segurança estatal chinesa que o Alibaba.

Se a economia chinesa começar a estagnar e as campeãs nacionais provarem ser menos lucrativas ou aumentarem a produtividade além das empresas globalistas, o governo poderia dar às globalistas mais liberdade para agir dentro de suas fronteiras. Mas, por enquanto, a China continua a exercer forte pressão sobre suas empresas de tecnologia para se alinharem com os planos e estratégias estatais.

Um mundo em que o Estado se fortalecesse seria o mais provável de resultar em uma nova Guerra Fria e anular a cooperação global. Caso Washington e Pequim continuem priorizando a competição estratégica em vez da cooperação, não haverá muita esperança de usar as soluções detalhadas deste livro para fortalecer o sistema internacional para o bem dos EUA, da China e das demais nações. Um cenário em que as empresas de tecnologia ganhem mais independência (e competitividade) em relação ao governo nos dois países pode encorajar a cooperação durante as maiores emergências e a inovação necessária para enfrentar novos desafios. Um mundo em que as tecnoutópicas tenham maior controle se torna mais difícil de prever porque esse é um mundo onde o poder está concentrado em poucas mãos, e geralmente bastante excêntricas.

Os governos devem compartilhar custos e responsabilidades para enfrentar esses desafios com todos que possam ajudar, pois políticos e gestores de políticas públicas não entendem nem controlam essas áreas. Instituições que como bancos e empresas de energia investem em projetos que demoram anos para gerar lucros pensam em longo prazo, diferentemente da maioria dos governos, e assim suas perspectivas se tornam muito valiosas. As empresas de energia, em específico, entendem que os lucros futuros dependem de fontes renováveis de combustível e eletricidade. Muitas das ONGs mais focadas no futuro do mundo têm perspectivas semelhantes de longo prazo. Mesmo dentro do governo, os líderes e legisladores *nacionais* não são os únicos atores importantes. Quando Donald Trump anunciou a saída dos EUA do acordo climático de Paris, governadores e prefeitos de todo o país declararam que seguiriam as próprias metas climáticas. A importância desse fato fica clara quando lembramos que a economia da Califórnia é maior que da Índia, da Grã-Bretanha ou da França. A área metropolitana de Nova York tem uma economia maior do que a do Canadá ou da Rússia. No mundo das mídias sociais, até mesmos indivíduos — não apenas as celebridades ativistas do mundo — podem montar campanhas que os políticos e o setor privado devem reconhecer.

Também temos a sorte de que a próxima onda de pessoas a enfrentar esses problemas terá atingido a maioridade em um mundo globalizado. A Geração Z — as 2,5 milhões de pessoas nascidas entre 1996 e 2016 — verá seu impacto na política, cultura e na economia global aumentar na próxima década. Será uma geração marcada pela pandemia e seu impacto duradouro na educação e no mercado de trabalho, mas mesmo em um mundo de energia e comunicações fragmentadas, esta é a geração mais globalmente interconectada da história. A maioria esmagadora dessas pessoas chegará à maioridade nos países em desenvolvimento e, para o nosso benefício, terão as próprias expectativas de governo, de envolvimento cultural entre fronteiras e do que pode ou não ser feito.

É sempre fácil usar argumentos do estilo "as crianças são o nosso futuro" ao pedir mudanças radicais, mas neste caso, a experiência da Geração Z no mundo é muito diferente da minha geração. Cresci em Boston nos anos 1970 com imagens da *National Geographic* sobre como eram as crianças de outras partes do mundo. Eu sabia, e acho que a maioria dos meus amigos também, que nossa visão de mundo era muito controlada pelos adultos, mas não tínhamos muitas oportunidades de ver além desse filtro e ter contato direto com crianças de outros lugares. Hoje, jovens norte-americanos e europeus estão ouvindo músicas e vendo imagens criadas em todo o mundo. Estão jogando games em tempo real com crianças na Ásia e na África.

Esta não é a globalização de 25 anos atrás. As crianças dessa geração têm uma visão de 360 graus do mundo que nenhum outro jovem jamais teve. Elas têm noção, de uma maneira mais imediata, do quanto possuem em comum com os outros. Em particular, estão mais conscientes do que qualquer geração anterior sobre a maioria dos adultos terem pensamentos retrógrados e imaginação limitada sobre os problemas deixados para o futuro. É fácil ser cínico sobre o impacto imediato de jovens celebridades ativistas como Greta Thunberg, mas, felizmente, jovens de todo o mundo têm uma perspectiva sobre esses problemas que poucos adultos têm. Sua capacidade de encontrar novos propósitos para as ferramentas criadas pelos adultos de hoje — e inventar coisas inimagináveis para esses adultos — deve aumentar nossa fé no futuro.

Muitas vezes, o medo de um inimigo alienígena inspirou pessoas, grupos e nações a trabalharem juntos para vencer ou, pelo menos sobreviver, a uma ameaça específica. Reagan e Gorbachev sabiam disso. Hoje, as nações e os povos do mundo não enfrentam uma ameaça alienígena; enfrentamos desafios existenciais comuns criados por nós mesmos. Nesse sentido, somos interdependentes — e essa é a base para a *maior oportunidade da história da humanidade.*

A necessidade deve agora tornar-se o maior incentivo da cooperação. Devemos construir um novo sistema internacional que nos permita competir onde pudermos e cooperar onde for necessário. Somos os primeiros humanos a reconhecer essas ameaças globais e os últimos capazes de derrotá-las.

Considerando o que está em jogo, se falharmos, não teremos outra chance.

ADENDO

Por três décadas, o mundo não precisou se preocupar com a perspectiva de um conflito nuclear entre as grandes potências. Mas em 21 de fevereiro de 2022, quando este livro estava prestes a ser impresso, o presidente Vladimir Putin declarou sua relutância em tolerar ainda mais o status quo da segurança europeia e a existência de uma Ucrânia soberana e independente. Dias depois, ele ordenou que tropas russas entrassem em território ucraniano, desencadeando sanções econômicas dos Estados Unidos e da Europa e colocando o mundo em uma nova Guerra Fria.

Essa Segunda Guerra Fria é muito diferente da primeira. De certa forma, é menos perigosa, pois não é mais uma luta entre iguais. A Rússia não tem o alcance global da antiga União Soviética. Durante a primeira Guerra Fria, norte-americanos e soviéticos lutaram pela influência sobre cada centímetro do mundo na África, na Ásia, na América Latina... e, claro, com a Cortina de Ferro que dividiu o continente europeu em dois. Hoje, a Europa está unida e firmemente (embora não completamente) alinhada com os Estados Unidos enquanto a influência russa fora do Oriente Médio e do antigo território soviético é pequena.

Mas também é mais perigosa porque grande parte da estrutura institucional que ajudou a reduzir o risco de confronto militar direto — o

Acordo de Céus Abertos, o Tratado de Forças Nucleares de Alcance Intermediário e outras medidas com o objetivo de garantir um padrão de transparência e equilíbrio entre as duas superpotências nucleares — não existe mais. Os dois países também têm paridade similar em capacidades cibernéticas ofensivas por meio de armas mais acessíveis, úteis e desestabilizadoras do que qualquer coisa usada na primeira Guerra Fria. E, infelizmente, embora não seja surpreendente, as grandes divisões políticas dentro dos Estados Unidos também estão acontecendo na disputa da Rússia, pois muitos líderes eleitos continuam a priorizar a conveniência política em vez da segurança nacional. Essa é uma realidade bem compreendida por Putin e ele certamente a levou em consideração em sua decisão de invadir a Ucrânia novamente.

Eu ainda não tinha nascido quando a crise dos mísseis cubanos aconteceu. Não me lembro dos treinamentos em que estudantes se abaixavam, se escondiam debaixo das mesas e cobriam as cabeças na escola, uma preparação no caso de um ataque nuclear. Nunca me preocupei com a perspectiva de aniquilação nuclear de um conflito militar fora de controle. Há três décadas, essa não é uma preocupação real dos gestores políticos globais.

Hoje, não podemos mais considerar isso verdade. Infelizmente, voltamos a um mundo onde o conflito direto entre duas superpotências militares mundiais é um assunto preocupante e urgente, no qual a Europa, mais uma vez, tornou-se a linha de frente de um campo de batalha para as tensões militares globais e em que as consequências de uma escalada descontrolada são impensáveis, mas assustadoramente reais.

Não amenizarei os fatos: as coisas ficaram complicadas. É muito mais difícil reunir recursos para enfrentar uma pandemia, combater as mudanças climáticas e controlar as tecnologias disruptivas quando as cadeias de suprimentos globais são paralisadas por sanções econômicas, financeiras e tecnológicas e quando o governo russo está envolvido em uma guerra cibernética desenfreada, com a distribuição de desinformação para prejudicar a governança global. Um mundo mais dissociado não é apenas menos afortunado e eficiente, também é um mundo com maior impunidade, em que atores desonestos têm mais espaço para agir de acordo com os próprios interesses sem medo de serem punidos.

E, ainda assim — mesmo sem um comandante global, com uma resposta política norte-americana disfuncional e dividida, e com uma relação entre EUA e China sem a confiança necessária para reduzir as tensões e evitar conflitos militares diretos — há boas razões para acreditar que o último surto geopolítico não inviabilizará nossa capacidade coletiva de responder a crises.

Afinal, os Estados Unidos e seus aliados estão trabalhando mais próximos. Após décadas de crescente preocupação com a possibilidade de a relação transatlântica estar se deteriorando, de a OTAN estar se tornando obsoleta, dos europeus estarem tirando vantagem de Washington e dos norte-americanos serem unilaterais, transacionais e de estarem deixando a Europa para trás, a missão crítica da aliança voltou a ser o foco. Diante da ameaça russa à segurança europeia, ficou claro por que a OTAN, o poder militar norte-americano e a segurança coletiva são importantes. A determinação de Putin de restaurar o império russo revigorou um grupo de democracias cuja determinação estava atrofiada devido à falta de testes desafiadores. O nível de coordenação e unificação de propósitos reunidos pela aliança ocidental foi significativamente maior que o provocado pela retirada dos Estados Unidos do Afeganistão menos de um ano antes. Às vezes, uma crise é necessária.

E ainda temos a China. O presidente Xi Jinping se encontrou com Putin durante a cerimônia de abertura dos Jogos Olímpicos de Inverno de 2022 em Pequim, onde divulgaram uma declaração conjunta com uma aproximação jamais vista entre os dois países. Mas se o presidente russo quer romper a ordem global atual e entrar em uma nova Guerra Fria, a liderança chinesa não quer nada disso. A economia globalizada da China depende da interdependência contínua com o Ocidente; a briga de Putin com a Europa não interessa a Xi. Em conversa com o presidente francês Emmanuel Macron, o presidente Xi deixou claro que a China continua a reconhecer a integridade territorial da Ucrânia e pediu uma solução diplomática para o conflito. Certamente, ele não tem interesse em endossar um "âmbito de influência" exclusivamente russo próximo ao território chinês. Será que a China poderia se tornar uma força de estabilidade, restringindo os esforços imperiais de Putin? Às vezes, precisamos de uma crise.

É uma época perigosa. É doloroso ver a Europa mais uma vez se tornar um campo de batalha militar. Um pedaço do Muro de Berlim era a lembrança geopolítica obrigatória do século XX; os escombros de Maidan de Kiev se tornarão o equivalente do século XXI? Talvez.

Mas a nova Guerra Fria também pode ser o conflito necessário para forjar uma nova liderança, uma nova estrutura global, novas instituições e novas ideologias. Por duas gerações, o mundo negligenciou amplamente os perigos inerentes à globalização: a transmissão de animais para humanos e entre humanos que levou a uma nova doença infecciosa, as emissões de carbono que impulsionaram as mudanças climáticas, a grande expansão de inovações que gerou novas tecnologias disruptivas e os países — a Rússia sendo o mais poderoso entre eles — e as pessoas afetadas por todos eles. Nunca tivemos estratégias viáveis de longo prazo para enfrentar esses desafios. Em vez disso, sempre esperamos até os problemas se tornarem muito graves para sermos forçados a agir… ou até algo ruim acontecer. A hora é agora.

— Ian Bremmer, fevereiro de 2022

AGRADECIMENTOS

Quanto mais avançados nos tornamos como sociedade, mais os riscos que enfrentamos se tornam existenciais. Por esse motivo, estudo política.

E dane-se se não for verdade... mas estou me sentindo mais otimista nos últimos dias. Talvez seja porque (quase) saímos de uma pandemia. Ou talvez seja porque quanto mais velho você fica, mais aprecia o mundo ao seu redor. De qualquer forma, é bom escrever um livro que não seja sobre como o mundo está desmoronando. Ou, mais precisamente, um livro sobre o que nós faremos a respeito.

"Nós quem?", perguntaria minha mãe. "Está escondendo alguém aí no seu bolso?"

Não exatamente. Mas sou muito grato aos meus amigos e colegas, sempre prontos a ter ideias sobre nossas questões mais difíceis. Eles são uma pequena parte da solução. Gostaria de mencionar alguns aqui: Carl Bildt, Borge Brende, Mark Carney, Vint Cerf, Jared Cohen, Chris Coons, Ivo Daalder, David Dollar, Kristalina Georgieva, Adam Grant, Antonio Guterres, Richard Haass, Christoph Heusgen, Robert Kagan, Zach Karabell, Joe Kennedy, Parag Khanna, Daniel Kurtz-Phelan, Christine Lagarde, Kai-Fu Lee, David Lipton, David Miliband, James Murdoch, Evan Osnos, Meghan O'Sullivan, Niko Pfund, Kevin Rudd,

Eric Schmidt, Mustafa Suleyman, Larry Summers, Nick Thompson, Steve Walt, Gernot Wanger e Fareed Zakaria.

Então, temos nossa incrível equipe do Eurasia Group. Agora somos quase duzentas pessoas e juntos tentamos descobrir como o mundo funciona. Não é tão fácil quanto parece. Mas é mais fácil do que quando era só eu em 1998. Meu caloroso agradecimento a Kevin Allison, Gerry Butts, Rohitesh Dhawan, Robert Kahn, Leon Levy, Mikaela McQuade, Maziar Minovi, Scott Rosenstein, Marietje Schaake e Paul Triolo.

Willis Sparks é incrível. Trabalhamos juntos em seis livros por quase duas décadas. Não sei como teríamos evoluído o Eurasia Group até onde estamos hoje sem nossa conexão. Nossa pequena, mas forte equipe de pesquisa inclui Sebastian Strauss, brilhante e sempre conectado apesar das condições da pandemia, e Megan O'Neill e Paige Williams, duas estagiárias extremamente inteligentes que ajudaram nas pesquisas para o livro.

Alex Sanford é fundamental em todas as coisas relacionadas à mídia e voltadas ao público, e ajudou a orquestrar tudo para este livro chegar em suas mãos. Um grande abraço a Greg Roth, nosso diretor de comunicações, e Sam Matino e Edana Ng por coordenarem a divulgação. Kim Tran e Strax Matejic mantêm minha vida funcionando sem problemas e não me deixam desistir. Sarah Henning, minha chefe de equipe, orquestra tudo como uma incrível maestrina inabalável.

E meu (novo!) editor Jon Karp e meu maravilhoso responsável editorial Eamon Dolan. Os dois mostraram entusiasmo contagiante e comprometimento pessoal para publicarem um grande livro juntos... e na festa de lançamento do livro de outras pessoas, sensacional. Suspeito que este não seja nosso último trabalho. Rafe Sagalyn é meu agente há pelo menos uma década, talvez mais. Ele exala competência sem precisar ser arrogante; é uma qualidade que admiro e aprecio.

Para minha garota, Ann, pelos três anos maravilhosos durante uma pandemia global. Aos meus amigos e família que permaneceram firmes quando todo o resto foi encerrado. E para o cachorro Moose, pequeno, mas corajoso.

NOTAS

Capítulo 1: Duas Colisões: Nós contra eles, em casa e no exterior

16 *"Um relatório do Pew Research Center publicado em"*: Pew Research Center, "Partisan Antipathy: More Intense, More Personal", 10 de outubro de 2019, pewresearch.org/politics/2019/10/10/partisan-antipathy-more-intense-more-personal/.

17 *"Em uma pesquisa da Gallup publicada em"*: Lydia Saad, "Americans' Political Ideology Held Steady in 2020", Gallup, 11 de janeiro de 2021, https://news.gallup.com/poll/328367/americans-political-ideology-held-steady-2020.aspx.

18 *"Dentre os 38 membros da Organização para a Cooperação e Desenvolvimento Econômico"*: "Income Distribution and Poverty", OECD.StatExtracts, https://web.archive.org/web/20150402093506/http://stats.oecd.org/index.aspx?queryid=46189.

19 *"De acordo com um estudo de 2021"*: *"2021 Edelman Trust Barometer"*, Global Report, Edelman, edelman.com/sites/g/files/aatuss191/files/2021-01/2021-edelman-trust-barometer.pdf.

20 *"uma decisão da Suprema Corte em 2010 liberou o investimento"*: Tim Lau, *"Citizens United Explained"*, Brennan Center for Justice, 12 de dezembro de 2019, brennancenter.org/our-work/research-reports/citizens-united-explained.

22 *"A recém-criada Federal Housing Authority (Secretária Federal de Habitação)"*: Terry Gross, "A 'Forgotten History' of How the U.S. Government Segregated America", 3 de maio de 2017, npr.org/2017/05/03/526655831/a-forgotten-history-of-how-the-u-s-government-segregated-america.

23 *"a renda média anual de uma família branca"*: Lisa J. Dettling, Joanne W. Hsu, Lindsay Jacobs, et al., "Recent Trends in Wealth-Holding by Race and Ethnicity: Evidence from the Survey of Consumer Finances", Board of Governors of the Federal Reserve System, 27 de setembro de 2017, federalreserve.gov/econres/notes/feds-notes/recent-trends-in-wealth-holding-by-race-and-ethnicity-evidence-from-the-survey-of-consumer-finances-20170927.htm.

23 *"Mulheres imigrantes de origem asiática"*: "Not All Women Gained the Vote in 1920", PBS.org, 6 de julho de 2020, pbs.org/wgbh/american experience/features/vote-not-all-women-gained-right-to-vote-in-1920/.

23 *"a população dos EUA se tornará"*: William H. Frey, "The US Will Become 'Minority White' in 2045, Census Projects", The Brookings Institution, 14 de março de 2018, brookings.edu/blog/the-avenue/2018/03/14/the-us-will-become-minority-white-in-2045-census-projects/.

23 *"Leis municipais destinadas a dificultar"*: "Voting Laws Roundup: February 2021", Brennan Center for Justice, 8 de fevereiro de 2021, brennancenter.org/our-work/research-reports/voting-laws-roundup-february-2021.

25 *"Estados como Califórnia, Flórida, Illinois e Massachusetts"*: Zack Friedman, "These 20 States Are Raising the Minimum Wage Starting Today", 1º de janeiro de 2021, forbes.com/sites/zackfriedman/2021/01/01/minimum-wage-increasesin -these-21-states/?sh=3d5c0ab81551.

29 *"ele foi mais longe ao detalhar sua visão"*: Evan Osnos, "Making China Great Again", *The New Yorker*, 1º de janeiro de 2018, newyorker.com/magazine/2018/01/08/making-china-great-again?reload=true.

32 *"mais de 80% dos países do mundo negociavam"*: Alyssa Leng e Roland Rajah, "Chart of the Week: Global Trade Through a US-China Lens", The Lowy Institute, 18 de dezembro de 2019, lowyinstitute.org/the-interpreter/chart-week-global-trade-through-us-china-lens.

33 *"a Organização Mundial da Propriedade Intelectual recebeu"*: "China Becomes Top Filer of International Patents in 2019 amid Robust Growth for WIPO's IP Services, Treaties and Finances", World Intellectual Property Organization, 7 de abril de 2020, wipo.int/pressroom/en/articles/2020/article_0005.html.

33 *"contribuiu com mais tropas de manutenção da paz da ONU"*: Patrick Wintour, "China Starts to Assert Its World View at UN as Influence Grows", *The Guardian*, 24 de setembro de 2018, theguardian.com/world/2018/sep/24/china-starts-to-assert-its-world-view-at-un-as-influence-grows.

34 *"A maioria dos norte-americanos quer que o presidente Biden e o Congresso"*: Zach Hrynowski, "Several Issues Tie as Most Important in 2020 Election", Gallup, 13 de janeiro de 2020, https://news.gallup.com/poll/276932/several-issues-tie-important-2020-election.aspx.

35 *"uma vez se referiu ao TPP como o"*: Glenn Kessler, "Fact Check: Clinton Did Call TPP the 'Gold Standard'", Fact Checker: The Truth Behind the Rhetoric, *Washington Post*, 26 de setembro de 2016, washingtonpost.com/politics/2016/live-updates/general-election/real-time-fact-checking-and-analysis-of-the-first-presidential-debate/fact-check-clinton-dod-call-tpp-the-gold-standard/.

36 *"Os EUA têm bases militares em quarenta países"*: Jacques Attali, "China Is Not the Only Candidate for a 21st Century Superpowe", Nikkei Asia, 11 de junho de 2020, https://asia.nikkei.com/Opinion/China-is-not-the-only-candidate-for-a-21st-century-superpower.

37 *"Essa ideologia de que campeão e desafiante"*: Graham Allison, "The Thucydides Trap: Are the US and China Headed for War?", *The Atlantic*, 24 de setembro de 2015, theatlantic.com/international/archive/2015/09/united-states-china-war-thucydides-trap/406756/.

38 *"a Guerra do Peloponeso entre Atenas e Esparta"*: Veja o excelente livro de Graham Allison, *Destined for War: Can America and China Escape Thucydides's Trap?* (Nova York: Houghton Mifflin Harcourt, 2017).

38 *"havia cerca de 70 mil empresas norte-americanas"*: Evan Osnos, "The Future of America's Contest with China", *The New Yorker*, 6 de janeiro de 2020, newyorker.com/magazine/2020/01/13/the-future-of-americas-contest-with-china.

41 *"4% dos italianos"*: Katherine Butler, "Coronavirus: Europeans Say EU Was 'Irrelevant' During Pandemic", *The Guardian,* 24 de junho de 2020, theguardian.com/world/2020/jun/23/europeans- believe-in -more-cohesion-despite-eus-covid-19-failings?CMP =share_btn_tw.

42 *"a mídia estatal divulgava a história"*: Lulu Yilun Chen, "Alibaba's Jack Ma Sends Boxes of Coronavirus Test Kits and Masks to U.S.", *Time,* 16 de março de 2020, https://time.com/5803791/jack-ma-alibaba -coronavirus/.

42 *"Em uma pesquisa do Pew Research realizada em março"*: Kat Devlin, Laura Silver e Christine Huang, "U.S. Views of China Increasingly Negative Amid Coronavirus Outbreak", Pew Research Center, 21 de abril 2020, pewresearch.org/global/2020/04/21/u-s-views-of -china-increasingly-negative-amid-coronavirus-outbreak/?utmsource =Eurasia+Group+Signal&utm_campaign=68ea440b29-EMAIL_ CAMPAIGN_2020_06_15_11_06&utm_medium=email&utm_ term=0 e605619869 -68ea 440 b29-134306173.

42 *"Kurt Campbell, principal conselheiro de Biden sobre a Ásia"*: Peter Martin, "Biden's Asia Czar Says Era of Engagement with China Is Over", *Bloomberg,* 26 de maio de 2021, bloomberg.com/news/articles/2021-05-26/ biden-s-asia-czar-says-era-of-engagement-with-xi-s-china-is-over.

43 *"a convocação do presidente Xi"*: China's Xi Jinping Tells People's Liberation Army to Get Ready for Combat" Radio Free Asia, 10 de março de 2021, rfa.org/english/news/china/combat-03102021110542.html.

43 *"Um alto almirante dos EUA alertou"*: Helen Davidson, "China Could Invade Taiwan in Next Six Years, Top US Admiral Warns", *The Guardian,* 9 de março de 2021, theguardian.com/world/2021/mar/10/ china-could-invade-taiwan-in-next-six-years-top-us-admiral-warns.

47 *"custou trilhões de dólares aos contribuintes norte-americanos"*: Reality Check team, "Afghanistan: What Has the Conflict Cost the US and Its Allies?" BBC News, 3 de setembro 2021, bbc.com/news/ world-47391821.

47 *"um credor multilateral com 78 países-membros"*: "Members and Prospective Members of the Bank", Banco Asiático de Investimentos em Infraestrutura, aiib.org/en/about-aiib/governance/members-of-bank/index. html.

48 *"o AIIB aprovou um empréstimo de US$750 milhões para ajudar"*: Cissy Zhou, "India-China Tensions Will Not Influence AIIB as Newly Re-elected President Vows to Keep Lender an 'Apolitical Institution'", *South China Morning Post*, 29 de julho de 2020, scmp.com/economy/global-economy/article/3095106/china-india-tensions-will-not-influence-aiib-newly-re.

48 *"continua a ser um dos principais contribuintes do FMI"*: Evan A. Feigenbaum, "Reluctant Stakeholder: Why China's Highly Strategic Brand of Revisionism Is More Challenging than Washington Thinks", MacroPolo, 27 de abril de 2018, https://macropolo.org/analysis/reluctant-stakeholder-why-chinas-highly-strategic-brand-of-revisionism-is-more-challenging-than-washington-thinks/.

49 *"sem dúvidas o maior da história em termos de volume comercial"*: Peter A. Petri e Michael Plummer, "RCEP: A New Trade Agreement That Will Shape Global Economics and Politics", The Brookings Institution, 16 de novembro de 2020, brookings.edu/blog/order-from-chaos/2020/11/16/rcep-a-new-trade-agreement-that-will-shape-global-economics-and-politics/.

50 *"Sri Lanka* não *pagou os empréstimos chineses"*: Evan Osnos, "The Future of America's Contest with China", *The New Yorker,* 6 de janeiro de 2020, newyorker.com/magazine/2020/01/13/the-future-of-americas-contest-with-china.

51 *"Os EUA aceitaram mais de 3 milhões de refugiados"*: "U.S. Resettles Fewer Refugees, Even as Global Number of Displaced People Grows", Pew Research Center, 12 de outubro de 2017, pewresearch.org/global/2017/10/12/u-s-resettles-fewer-refugees-even-as-global-number-of-displaced-people-grows/.

51 *"prendeu e devolveu à força"*: *World Report 2020: China*, Human Rights Watch, hrw.org/world-report/2020/country-chapters/china-and-tibet#.

51 *"Menos de um décimo de 1%"*: Viola Zhou e Arman Dzidzovic, "China's Draft Bill on Permanent Residency Unleashes Hostile Comments against Foreigners", *Inkstone*, 9 de março de 2020, inkstonenews.com/society/chinas-draft-bill-permanent-residency-unleashes-hostile-comments-against-foreigners/article/3074244.

52 *"'Se uma pessoa não pode ir até a praça'"*: Natan Sharansky com Ron Dermer, *The Case for Democracy: The Power of Freedom to Overcome Tyranny and Terror* (Nova York: Public Affairs, 2004), 40–41.

52 *"O Partido Comunista de Xi Jinping proibiu qualquer discussão"*: "How Much Is a Hardline Party Directive Shaping China's Current Political Climate?", Document 9: A ChinaFile Translation, *China File*, 8 de novembro de 2013, chinafile.com/document-9-chinafile-translation.

52 *"Professores e instrutores vistos fora do caminho oficial"*: Alice Su, "Spied on. Fired. Publicly shamed. China's Crackdown on Professors Reminds Many of Mao Era", *Los Angeles Times*, 27 de junho de 2020, latimes.com/world-nation/story/2020-06-27/in-chinas-universities-targeted-attacks-on-intellectuals-raise-memories-of-the-cultural-revolution.

53 *"o governo chinês realiza constantes controles de natalidade"*: "China Cuts Uighur Births with IUDs, Abortion, Sterilization", Associated Press, 29 de junho de 2020, https://apnews.com/article/ap-top-news-7-international-news-weekend-reads-china-health-269b3de1af34e17c1941a514f78d764c?utm_campaign=SocialFlow&utm_source=Twitter&utm_medium=AP.

53 *"Grupos de direitos humanos encontraram evidências"*: Austin Ramzy e Chris Buckley, "'Absolutely No Mercy': Leaked Files Expose How China Organized Mass Detentions of Muslims", *New York Times*, 16 de novembro de 2019, nytimes.com/interactive/2019/11/16/world/asia/china-xinjiang-documents.html.

54 *"O Estado também se deu ao direito"*: Andrew Grotto e Martin Schallbruch, "The Great Anti-China Tech Alliance", *Foreign Policy*, 16 de setembro de 2019, https://foreignpolicy.com/2019/09/16/the-west-will-regret-letting-china-win-the-tech-race/?utm_source=Fareed%27s+Global+Briefing&utm_campaign=4de6dd711f-EMAIL_CAMPAIGN_2019_09_17_09_04&utm_medium=email&utm_term=0_6f2e93382a-4de 6dd711f-84041237.

54 *"a Apple removeu de sua loja online"*: Jack Nicas, "Apple Removes App That Helps Hong Kong Protesters Track the Police", *New York Times*, 9 de outubro de 2019, nytimes.com/2019/10/09/technology/apple-hong-kong-app.html.

55 *"a polícia chinesa ter passado três anos coletando amostras de sangue"*: Emile Dirks e Dr. James Leibold, "Genomic Surveillance", Australian Strategic Policy Institute, 17 de junho de 2020, aspi.org.au/report/genomic-surveillance.

55 *"É mais um passo em direção a uma sociedade controlada"*: Sui-Lee Wee, "China Is Collecting DNA from Tens of Millions of Men and Boys, Using U.S. Equipment", *New York Times*, 17 de junho de 2020, nytimes.com/2020/06/17/world/asia/China-DNA-surveillance.html?action=click&module=Top%20Stories&pgtype=Homepage.

57 *"é o primeiro uso conhecido de inteligência artificial para automatizar o racismo"*: "The Chinese Surveillance State, Part 1", *New York Times*, 6 de maio de 2019, nytimes.com/2019/05/06/podcasts/the-daily/china-surveillance-uighurs.html?module=inline.

57 *"Como quando a CloudWalk, uma empresa de IA, supostamente vendeu um software de reconhecimento facial"*: Lynsey Chutel, "China Is Exporting Facial Recognition Software to Africa, Expanding Its Vast Database", *Quartz Africa*, 25 de maio de 2018, https://qz.com/africa/1287675/china-is-exporting-facial-recognition-to-africa-ensuring-ai-dominance-through-diversity/.

57 *"A China forneceu treinamento para mais três dúzias de países"*: Paul Mozur, Jonah M. Kessel e Melissa Chan, "Made in China, Exported to the World: The Surveillance State", *New York Times*, 24 de abril de 2019, nytimes.com/2019/04/24/technology/ecuador-surveillance-cameras-police-government.html%20%20%20cfr.org/blog/exporting-repression-chinas-artificial-intelligence-push-africa.

57 *"Empresas norte-americanas de big data, como a Palantir, estão sob escrutínio internacional"*: Michael Steinberger, "Does Palantir See Too Much?", 21 de outubro de 2020, *New York Times Magazine*, nytimes.com/interactive/2020/10/21/magazine/palantir-alex-karp.html.

58 *"'Estamos em um momento de paz nada pacífico'"*: Niall Ferguson, "Is the United States in a New Cold War with China?", Silverado Policy Accelerator: Debate Series, 17 de novembro de 2020, YouTube, 18h15, youtube.com/watch?v=DtqO7KFhMJE.

59 *"'Uma nova Guerra Fria começou'"*: Robert D. Kaplan, "A New Cold War Has Begun", *Foreign Policy*, 7 de janeiro de 2019, https://foreignpolicy.com/2019/01/07/a-new-cold-war-has-begun/.

58 *"'nova Guerra Fria entre os Estados Unidos e a China já começou"*: Richard Percival, "'Cold War Has Begun!' China Warning Issued as Tensions Erupt — 'It Will Shape This Century'", *Express*, 29 de setembro de 2020, express.co.uk/news/world/1341266/china-news-US-europe-EU-war-germany-Peter-Beyer.

Capítulo 2: Política Pandêmica

63 *"Em menos de três meses"*: "Timeline: How the Global Coronavirus Pandemic Unfolded", Reuters, 28 de setembro de 2020, reuters.com/article/us-health-coronavirus-timeline/timeline-how-the-global-coronavirus-pandemic-unfolded-idUSKBN26K0AQ.

64 *"Em algum momento teremos"*: "Remarks by the President on Research for Potential Ebola Vaccines", Boletim de Imprensa da Casa Branca, Gabinete do Secretário de Imprensa, 2 de dezembro de 2014, https://obamawhitehouse.archives.gov/the-press-office/2014/12/02/remarks-president-research-potential-ebola-vaccines.

65 *"'O mundo como um todo não está preparado para epidemias'"*: Betsy McKay, "Ebola Crisis Offers Lessons, Warnings on Epidemics, Bill Gates Says", *Wall Street Journal*, 4 de novembro de 2014, wsj.com/articles/ebola-crisis-offers-lessons-warnings-on-epidemics-bill-gates-says-1415051462.

66 *"não viu esse número ultrapassar os 45,8%"*: Five ThirtyEight, "How (Un)Popular Is Donald Trump?", 20 de janeiro de 2021, https://projects.fivethirtyeight.com/trump-approval-ratings/?ex_cid=rrpromo.

67 *"Foi a única grande economia"*: Jonathan Cheng, "China Is the Only Major Economy to Report Economic Growth for 2020", *Wall Street Journal*, 18 de janeiro de 2021, wsj.com/articles/china-is-the-only-major-economy-to-report-economic-growth-for-2020-11610936187.

67 *"A Comissão Europeia acusou a China"*: Jennifer Rankin, "EU Says China Behind 'Huge Wave' of COVID-19 Disinformation", *The*

Guardian, 10 de junho de 2020, theguardian.com/world/2020/jun/10/eu-says-china-behind-huge-wave-covid-19-disinformation-campaign.

67 *"Um relatório do Pew Research, publicado em outubro de 2020"*: Laura Silver, Kat Devlin e Christine Huang, "Unfavorable Views of China Reach Historic Highs in Many Countries", Pew Research Center, 6 de outubro de 2020, pewresearch.org/global/2020/10/06/unfavorable-views-of-china-reach-historic-highs-in-many-countries/.

68 *"Brasil e Grã-Bretanha"*: "Mortality Analyses", Johns Hopkins, Coronavirus Resource Center, https://coronavirus.jhu.edu/data/mortality.

71 *"Em outubro de 2020, o Banco Mundial fez o prognóstico"*: "Extreme Poverty Set for First Rise Since 1998, World Bank Warns", BBC News, 7 de outubro de 2020, bbc.com/news/business-54448589.

71 *"dados da epidemia de ebola na África Ocidental"*: Bill Gates e Melinda French Gates, "COVID-19: A Global Perspective", Bill and Melinda Gates Foundation, setembro de 2020, gatesfoundation.org/goalkeepers/report/2020-report/#GlobalPerspective.

71 *"A COVID colocou mais mulheres"*: Ginette Azcona, Antra Bhatt e Serge Kapto, "The COVID-19 Boomerang Effect: New Forecasts Predict Sharp Increases in Female Poverty", UN Women, 2 de setembro de 2020, https://data.unwomen.org/features/covid-19-boomerang-poverty.

71 *"Um relatório do Fundo Global, uma fundação sem fins lucrativos independente"*: *Results Report 2020*, The Global Fund, theglobalfund.org/media/10103/corporate_2020resultsreport_report_en.pdf?u=637356227598900000.

72 *"Cientistas descobriram mais de quarenta novos patógenos letais"*: Stewart M. Patrick, "The Time to Start Preparing for the Next Pandemic Is Now", *World Politics Review*, 12 de outubro de 2020, worldpoliticsreview.com/articles/29123/u-s-must-update-pandemic-playbook-after-failed-trump-coronavirus-response.

73 *"Uma análise genética verificou"*: Sue Sturgis, "Swine Flu Genes Traced to North Carolina Factory Farm", *Facing South*, 5 de maio de 2009, facingsouth.org/2009/05/swine-flu-genes-traced-to-north-carolina-hog-farm.html.

78 *"Caso tivesse agido de forma diferente, o país não teria se tornado"*: "The Iranian Regime Risks Exacerbating the Outbreak of COVID-19", *The Economist,* 24 de fevereiro de 2020, economist.com/middle-east-and-africa/2020/02/24/the-iranian-regime-risks-exacerbating-the-outbreak-of-covid-19.

78 *"'Predict era uma abordagem para evitar pandemias'"*: Donald G. McNeil Jr., "Scientists Were Hunting for the Next Ebola. Now the U.S. Has Cut Off Their Funding", *New York Times,* 25 de outubro de 2019, nytimes.com/2019/10/25/health/predict-usaid-viruses.html.

80 *"Não vendeu remédios fajutos de ervas"*: Aryn Baker, "'Could It Work as a Cure? Maybe.' A Herbal Remedy for Coronavirus Is a Hit in Africa, But Experts Have Their Doubts", *Time,* 22 de maio de 2020, https://time.com/5840148/coronavirus-cure-covid-organic-madagascar/.

81 *"Ao contrário do presidente da Bielorrússia, Alexander Lukashenko"*: Sam Meredith, "Belarus' President Dismisses Coronavirus Risk, Encourages Citizens to Drink Vodka and Visit Saunas", CNBC, 31 de março de 2020, cnbc.com/2020/03/31/coronavirus-belarus-urges-citizens-to-drink-vodka-visit-saunas.html.

81 *"não atacou deliberadamente a integridade e a credibilidade"*: Charles Piller, "Undermining CDC", *Science,* 14 de outubro de 2020, sciencemag.org/news/2020/10/inside-story-how-trumps-covid-19-coordinator-undermined-cdc.

80 *"o partido democrata de Moon foi recompensado com uma vitória esmagadora"*: Do Kyung Ryuk, JeongHyeon Oh e Yewon Sung, "Elections During a Pandemic: South Korea Shows How to Safely Hold a National Election During the COVID-19 Crisis", Wilson Center, 19 de maio de 2020, wilsoncenter.org/blog-post/elections-during-pandemic-south-korea-shows-how-safely-hold-national-election-during.

82 *"a Organização Mundial da Saúde foi alvo de críticas"*: Roz Krasny e Tony Czuczka, "US Officials Air Concerns about WHO's COVID Origin Report", *Bloomberg,* 28 de março de 2021, bloomberg.com/news/articles/2021-03-29/u-s-officials-air-concerns-about-who-s-covid-origin-report.

83 *"A COVAX enfrenta obstáculos semelhantes"*: "172 Countries and Multiple Candidate Vaccines Engaged in COVID-19 Global Access Facility", Organização Mundial da Saúde, 24 de agosto de 2020, who.int/news/item/24-08-2020-172-countries-and-multiple-candidate-vaccines-engaged-in-covid-19-vaccine-global-access-facility.

83 *"'limitado por organizações multilaterais'"*: Emily Rauhala e Yasmeen Abutaleb, "U.S. Says It Won't Join WHO-linked Effort to Develop, Distribute Coronavirus Vaccine", *Washington Post*, 1º de setembro de 2020, washingtonpost.com/world/coronavirus-vaccine-trump/2020/09/01/b44b42be-e965-11ea-bf44-0d31c85838a5_story.html.

83 *"o presidente Biden comprometeu os EUA com a COVAX"*: "Fact Sheet: President Biden to Take Action on Global Health through Support of COVAX and Calling for Health Security Financing", Boletim de Imprensa da Casa Branca, 18 de fevereiro de 2021, whitehouse.gov/briefing-room/statements-releases/2021/02/18/fact-sheet-president-biden-to-take-action-on-global-health-through-support-of-covax-and-calling-for-health-security-financing/.

85 *"governos europeus concordaram com um pacote de recuperação"*: "COVID-19: The EU's Response to the Economic Fallout", Conselho Europeu, Conselho da União Europeia, consilium.europa.eu/en/policies/coronavirus/covid-19-economy/.

86 *"Esses pacotes financeiros também incluem estímulos"*: "5 Ways the EU and Member States Work Together against COVID-19", Conselho Europeu, Conselho da União Europeia, consilium.europa.eu/en/covid-eu-solidarity/.

86 *"'Demoramos para aprovar'"*: "Covid: What's the Problem with the EU Vaccine Rollout?", BBC News, 4 de março de 2021, bbc.com/news/explainers-56286235.

87 *"os líderes de 23 países se juntaram à OMS"*: Maria Cheng, "World Leaders Call for Pandemic Treaty, Short on Details", Associated Press, 30 de março de 2021, https://apnews.com/article/pandemics-mario-draghi-rwanda-coronavirus-pandemic-covid-19-pandemic-9b5db1741b963094736ff1e2606b4326.

Capítulo 3: Emergência Climática

90 *"viajar 12.000km do oeste de Damasco até a América Central"*: Nina Lakhani, "'People Are Dying': How the Climate Crisis Has Sparked an Exodus to the US", *The Guardian*, 29 de julho de 2019, theguardian.com/global-development/2019/jul/29/guatemala-climate-crisis-migration-drought-famine.

90 *"centenas de milhares de pessoas fugiram da região"*: John Gramlich e Alissa Scheller, "What's Happening at the U.S.-Mexico Border in 7 Charts", Pew Research Center, 9 de novembro de 2021, pewresearch.org/fact-tank/2021/11/09/whats-happening-at-the-u-s-mexico-border-in-7-charts/.

91 *"desastres climáticos deixarão* centenas de milhões *de pessoas desabrigadas"*: Jack A. Goldstone e Larry Diamond, "How Will Demographic Transformations Affect Democracy in the Coming Decades?", Hoover Institution, Spring Series, Edição 719, 14 de maio de 2019, hoover.org/research/how-will-demographic-transformations-affect-democracy-coming-decades?utm_source=Fareed%27s+Global+Briefing&utm_campaign=3e6af6e493-EMAIL_CAMPAIGN_2019_05_13_09_09&utm_medium=email&utm_term=0_6f2e93382a-3e6af6e493-84041237.

91 *"As populações aumentarão na África"*: Anthony Cilluffo e Neil G. Ruiz, "World's Population Is Projected to Nearly Stop Growing by the End of the Century", Pew Research Center, 17 de junho de 2019, pewresearch.org/fact-tank/2019/06/17/worlds-population-is-projected-to-nearly-stop-growing-by-the-end-of-the-century/.

91 *"número de pessoas desnutridas"*: "Climate Change Is an Increasing Threat to Africa", Organização das Nações Unidas, 27 de outubro de 2020, https://unfccc.int/news/climate-change-is-an-increasing-threat-to-africa.

92 *"mudanças climáticas podem criar desastres simultâneos"*: Thomas Fuller e Christopher Flavelle, "A Climate Reckoning in Fire-Stricken California", *New York Times*, 10 de setembro de 2020, nytimes.com/2020/09/10/us/climate-change-california-wildfires.html?action=click&module=Top%20Stories&pgtype=Homepage.

92 *"Estudos mostram que, até 2050"*: Al Shaw, Abrahm Lustgarten, ProPublica e Jeremy W. Goldsmith, "New Climate Maps Show a Transformed

United States", ProPublica, 15 de setembro de 2020, https://projects.propublica.org/climate-migration/.

93 *"Esse é o impacto do Antropoceno"*: Joseph Stromberg, "What Is the Anthropocene and Are We in It?", *Smithsonian*, janeiro de 2013, smithsonianmag.com/science-nature/what-is-the-anthropocene-and-are-we-in-it-164801414/.

93 *"Um sexto de todas as emissões de carbono"*: David Fickling, "The 2010s Wrecked the Planet. Don't Despair Yet", *Bloomberg*, 1° de janeiro de 2020, bloomberg.com/opinion/articles/2020-01-02/power-sector-shows-world-the-way-on-carbon-emissions?sref=75vWZjCW.

93 *"A Amazônia perdeu mais cobertura florestal em 2019"*: Neil Giardino, "Amazon Rainforest Lost Area the Size of Israel in 2020", ABC News, 5 de fevereiro de 2021, https://abcnews.go.com/International/amazon-rainforest-lost-area-size-israel-2020/story?id=75683477.

93 *"mais de um terço de toda a destruição"*: Henry Fountain, "'Going in the Wrong Direction': More Tropical Forest Loss in 2019", *New York Times*, 2 de junho de 2020, nytimes.com/2020/06/02/climate/deforestation-climate-change.html.

94 *"Durante a era industrial"*: Daisy Dunne, "Scientists Discover New 'Human Fingerprint' on Global Drought Patterns", Fórum Econômico Mundial, 14 de julho de 2020, weforum.org/agenda/2020/07/human-fingerprinting-drought-rainfall-africa-asia-america.

94 *"derretimento das calotas polares"*: Justin Worland, "The Leaders of These Sinking Countries Are Fighting to Stop Climate Change. Here's What the Rest of the World Can Learn", *Time*, 13 de junho de 2019, https://time.com/longform/sinking-islands-climate-change/?utm_medium=socialflowtw&xid=time_socialflow_twitter&utm_campaign=time&utm_source=twitter.com.

94 *"cerca de 1% da superfície da Terra"*: Abrahm Lustgarten, "The Great Climate Migration Has Begun", *New York Times Magazine*, 23 de julho de 2020, nytimes.com/interactive/2020/07/23/magazine/climate-migration.html.

94 *"Somos a primeira geração"*: *Living Planet Report 2018: Aiming Higher,* World Wildlife Fund, wwf.org.uk/sites/default/files/2018-10/wwfintl_livingplanet_full.pdf.

95 *"pois 65% das reservas globais de petróleo atuais pertencem"*: "Share of Oil Reserves, Oil Production and Oil Upstream Investment by Company Type, 2018", International Energy Agency, 17 de janeiro de 2020, iea.org/data-and-statistics/charts/share-of-oil-reserves-oil-production-and-oil-upstream-investment-by-company-type-2018.

95 *"ainda são grandes dependentes do carvão"*: Joshua W. Busby, Sarang Shidore, Johannes Urpelainen e Morgan D. Bazilian, "The Case for US Cooperation with India on a Just Transition Away from Coal", The Brookings Institution, 20 de abril de 2021, brookings.edu/research/the-case-for-us-cooperation-with-india-on-a-just-transition-away-from-coal/, e Evelyn Cheng, "China Has 'No Other Choice' but to Rely on Coal Power for Now, Official Says", CNBC, 29 de abril de 2021, cnbc.com/2021/04/29/climate-china-has-no-other-choice-but-to-rely-on-coal-power-for-now.html.

95 *"plano Visão 2030 da Arábia Saudita"*: "Saudi Vision 2030: An Ambitious Vision for an Ambitious Nation", vision2030.gov.sa/v2030/overview/.

96 *"As dez empresas responsáveis pelos maiores aumentos"*: Adam Tooze, "Welcome to the Final Battle for the Climate", *Foreign Policy,* 17 de outubro de 2020, https://foreignpolicy.com/2020/10/17/great-power-competition-climate-china-europe-japan/.

97 *"Um estudo de 2019"*: Elisabeth Behrmann, "Twilight of Combustion Engine Comes for Germany", *Automotive News Europe,* 11 de abril de 2019, https://europe.autonews.com/automakers/twilight-combustion-engine-comes-germany.

97 *"Porém, países muito pobres como o Equador"*: Alexandra Valencia, "Ecuador's Moreno Scraps Fuel Subsidy Cuts in Big Win for Indigenous Groups", Reuters, 14 de outubro de 2019, reuters.com/article/us-ecuador-protests/ecuadors-moreno-scraps-fuel-subsidy-cuts-in-big-win-for-indigenous-groups-idUSKBN1WT265, e Davide Natalini, "Gilets Jaunes May Be the Start of a Worldwide Revolt against Climate Action", *The Conversation,* 1° de abril de 2019, https://theconversation.com/

gilets-jaunes-may-be-the-start-of-a-worldwide-revolt-against-climate-action-112636.

98 *"dos Estados Unidos e da Europa somaram 8,9 gigatoneladas"*: Adam Tooze, "Welcome to the Final Battle for the Climate", *Foreign Policy*, 17 de outubro de 2020, https://foreignpolicy.com/2020/10/17/great-power-competition-climate-china-europe-japan/.

100 *"metade da população mundial viverá em"*: Alberto Boretti e Lorenzo Rosa, "Reassessing the Projections of the World Water Development Report", *npj Clean Water*, Nature.com, 31 de julho de 2019, nature.com/articles/s41545-019-0039-9.

100 *"das tempestades fortes mais frequentes"*: Jen Christensen, "Fact Check: Pence Says There Are No More Hurricanes Now than 100 Years Ago", Facts First, CNN, 8 de outubro de 2020, cnn.com/2020/10/08/politics/fact-check-pence-hurricanes/index.html?utm_source=feedburner&utm_medium=feed&utm_campaign=Feed%3A+rss%2Fcnn_allpolitics+%28RSS%3A+CNN+-+Politics%29.

100 *"aumento do nível do mar"*: Desmond Ng, "Why Jakarta Is the Fastest Sinking City in the World", Channel News Asia, 28 de fevereiro de 2020, channelnewsasia.com/cnainsider/why-jakarta-is-world-fastest-sinking-city-floods-climate-change-781491.

101 *"Mais de noventa cidades norte-americanas"*: Robert Muggah, "The World's Coastal Cities Are Going Under. Here's How Some Are Fighting Back", Fórum Econômico Mundial, 16 de janeiro de 2019, weforum.org/agenda/2019/01/the-world-s-coastal-cities-are-going-under-here-is-how-some-are-fighting-back/.

101 *"Centenas de milhões de pessoas, em ambos os lados"*: Alejandra Borunda, "The World's Supply of Fresh Water Is in Trouble as Mountain Ice Vanishes", *National Geographic*, 9 de dezembro de 2019, nationalgeographic.com/science/article/water-towers-high-mountains-are-in-trouble-perpetual.

102 *"A Índia teria violado o Tratado das Águas do Rio Indo"*: "Indus Water Treaty: Everything You Need to Know", ClearIAS, 26 de novembro de 2016, clearias.com/indus-water-treaty/.

102 *"A água já é uma arma muito poderosa para a Índia"*: Jeffrey Gettleman, "India Threatens a New Weapon against Pakistan: Water", *New York Times*, 21 de fevereiro de 2019, nytimes.com/2019/02/21/world/asia/india-pakistan-water-kashmir.html.

103 *"A Índia se juntará a esse grupo importador quando ultrapassar a China"*: Hannah Ritchie, "India Will Soon Overtake China to Become the Most Populous Country in the World", Our World in Data, 16 de abrirl de 2019, https://ourworldindata.org/india-will-soon-overtake-china-to-become-the-most-populous-country-in-the-world.

103 *"algumas das piores estimativas alertam que mais de 30 milhões de pessoas"*: Abrahm Lustgarten, "The Great Climate Migration Has Begun", *New York Times Magazine*, 23 de julho de 2020, nytimes.com/interactive/2020/07/23/magazine/climate-migration.html.

104 *"A zona de fronteira aberta composta por 26 países na Europa"*: "Schengen Area", VisaGuide.world, https://visaguide.world/europe/schengen-visa/schengen-area-countries-list/.

104 *"Países em desenvolvimento abrigam 85% dos imigrantes do mundo"*: "The World's Refugees in Numbers", Amnesty International, amnesty.org/en/what-we-do/refugees-asylum-seekers-and-migrants/global-refugee-crisis-statistics-and-facts/

104 *"O primeiro país a ser completamente destruído pelas mudanças climáticas"*: Mike Ives, "A Remote Pacific Nation, Threatened by Rising Seas", *New York Times*, 2 de julho de 2016, nytimes.com/2016/07/03/world/asia/climate-change-kiribati.html.

105 *"Mais de 45 milhões de bengalis vivem em áreas costeiras"*: "Climate Displacement in Bangladesh", Environmental Justice Foundation, https://ejfoundation.org/reports/climate-displacement-in-bangladesh.

105 *"Um relatório de 2019 da Academia Nacional de Ciências dos EUA"*: Jonathan L. Bamber, Michael Oppenheimer, Robert E. Kopp, et al., "Ice Sheet Contributions to Sea-Level Rise from Structured Expert Judgment", *Proceedings of the National Academy of Sciences*, 4 de junho de 2019, pnas.org/content/116/23/11195.

106 *"Cientistas alertaram que o aumento do nível do mar pode criar"*: "The Cost of Doing Nothing: The Humanitarian Price of Climate Change

and How It Can Be Avoided", International Federation of Red Cross, 19 de setembro de 2019, https://reliefweb.int/report/world/cost-doing-nothing-humanitarian-price-climate-change-and-how-it-can-be-avoided.

107 *"uma cidade já superlotada cujos esgotos explodem com frequência"*: Poppy McPherson, "The Dysfunctional Megacity: Why Dhaka Is Bursting at the Sewers", *The Guardian*, 21 de março de 2018, theguardian.com/cities/2018/mar/21/people-pouring-dhaka-bursting-sewers-overpopulation-bangladesh

107 *"na cidade boliviana de Cochabamba"*: "Leasing the Rain", William Finnegan, *The New Yorker*, 31 de março de 2002, newyorker.com/magazine/2002/04/08/leasing-the-rain.

108 *"o clima instável continua"*: "Impact Story: Addressing a Water Crisis in Bolivia", Stockholm Environment Institute, 23 de maio de 2018, sei.org/featured/growing-water-crisis-bolivia/.

108 *"De acordo com um relatório de 2019 do World Resources Institute"*: Rutger Willem Hofste, Paul Reig e Leah Schleifer, "17 Countries, Home to One-Quarter of the World's Population, Face Extremely High Water Stress", World Resources Institute, 6 de agosto de 2019, wri.org/insights/17-countries-home-one-quarter-worlds-population-face-extremely-high-water-stress.

110 *"Apenas parte da tundra siberiana e do Canadá armazenam"*: Laura Millan Lombrana, "Where Climate Scientists See Danger, Russia Sees an Opportunity", *Bloomberg*, 15 de março de 2021, bloomberg.com/news/articles/2021-03-15/where-climate-scientists-see-danger-russia-sees-an-opportunity?sref=75vWZjCW.

110 *"De acordo com alertas de especialistas da ONU, os países mais pobres"*: "'Climate Apartheid' between Rich and Poor Looms, UN Expert Warns", BBC News, 25 de junho de 2019, bbc.com/news/world-48755154.

110 *"Meio século de redução de pobreza"*: Damian Carrington, "'Climate Apartheid': UN Expert Says Human Rights May Not Survive", *The Guardian*, 25 de junho de 2019, theguardian.com/environment/2019/jun/25/climate-apartheid-united-nations-expert-says-human-rights-may-not-survive-crisis?CMP=Share_iOSApp_Other.

111 *"criado para resolver o problema do carbono na atmosfera por meio de manipulação do clima"*: Daniel Grossman, "Geoengineering: A Worst-Case Plan B? Or a Fuse Not to Be Lit?", Yale Climate Connections, 8 de junho de 2021, https://yaleclimateconnections.org/2021/06/geoengineering-a-worst-case-plan-b-or-a-fuse-not-to-be-lit/.

113 "Bancos multinacionais de desenvolvimento prometeram empréstimos coletivos": "Net-Zero Emissions Must Be Met by 2050 or COVID-19 Impact on Global Economies Will Pale beside Climate Crisis, Secretary-General Tells Finance Summit", Organização das Nações Unidas, 12 de novembro de 2020, un.org/press/en/2020/sgsm20411.doc.htm.

114 *"Algumas das maiores empresas do mundo fizeram suas próprias promessas sobre o carbono"*: Leo Kelion, "Apple's 2030 Carbon-Neutral Pledge Covers Itself and Suppliers", 21 de julho de 2020, bbc.com/news/technology-53485560.

115 *"uma organização lobista representante de mais":* Valerie Volcovici, "Business Roundtable CEO Group Announces Its Support for Carbon Pricing to Help Fight Climate Change", *Business Insider*, 16 de setembro de 2020, businessinsider.com/us-ceo-group-says-it-supports-carbon-pricing-to-fight-climate-change-2020-9?r=US&IR=T#:~:text=Business%20Roundtable%2C%20a%20lobbying%20group,levels%20by%20the%20year%202050.

116 *"Os líderes de nações insulares ameaçadas"*: Justin Worland, "The Leaders of These Sinking Countries Are Fighting to Stop Climate Change. Here's What the Rest of the World Can Learn", *Time*, 13 de junho de 2019, https://time.com/longform/sinking-islands-climate-change/?utm_medium=socialflowtw&xid=time_socialflow_twitter&utm_campaign=time&utm_source=twitter.com.

117 *"um CEO cujo nome do filho é"*: Avery Hartmans e Rosie Perper, "Elon Musk Said His and Grimes' New Baby Is Named X Æ A-12. Grimes Broke Down the Meaning Behind Each Letter of the Bizarre Moniker", *Business Insider*, 5 de maio de 2020, businessinsider.com/x-ae-a-12-elon-musk-grimes-baby-name-meaning-2020-5.

119 *"liderando a precificação do carbono"*: "The World Urgently Needs to Expand Its Use of Carbon Prices", *The Economist*, 23 de maio de 2020, economist.com/briefing/2020/05/23/the-world-urgently-needs-to-expand-its-use-of-carbon-prices.

120 *"gigante do varejo Walmart prometeu"*: Lucy Handley, "Walmart Has a Grand Plan to Help Suppliers Club Together to Buy Green Energy", CNBC, 23 de outubro de 2020, cnbc.com/2020/10/23/walmart-wants-suppliers-to-buy-renewable-energy-collectively.html.

121 *"A empresa multinacional de bens de consumo Unilever está usando imagens de satélite"*: Lucy Handley, "Unilever Is Using Geolocation Data and Satellite Imagery to Check for Deforestation in Its Supply Chain", CNBC, 24 de setembro de 2020, cnbc.com/2020/09/24/unilever-in-data-pilot-to-check-for-deforestation-in-its-supply-chain.html.

121 *"A Salesforce, gigante no setor de software, anunciou"*: "One Trillion Trees to Combat Climate Change: Why It's Not So Outlandish", Salesforce, 22 de janeiro de 2020, salesforce.com/news/stories/one-trillion-trees-to-combat-climate-change-why-its-not-so-outlandish/.

121 *"Isso ajuda a explicar por que as mudanças climáticas são agravadas"*: Henry Fountain, "'Going in the Wrong Direction': More Tropical Forest Loss in 2019", *New York Times,* 2 de junho de 2020, nytimes.com/2020/06/02/climate/deforestation-climate-change.html.

127 *"está tentando impulsionar os esforços"*: "Final Announcement of the Recommendation for the New Governance Body Composition", Taskforce on Scaling Voluntary Carbon Markets, iif.com/tsvcm.

Capítulo 4: Tecnologias Disruptivas

130 *"Drones foram especialmente criados para colaborar com o fornecimento de remédios essenciais"*: Harry Kretchmer, "How Drones Are Helping to Battle COVID-19 in Africa—and Beyond", Fórum Econômico Mundial, 8 de maio de 2020, weforum.org/agenda/2020/05/medical-delivery-drones-coronavirus-africa-us/.

130 *"ajudou hospitais a preverem a quantidade necessária de leitos"*: Owen Hughes, "This AI Tool Helps Hospitals Predict COVID-19 Bed and Ventilator Demand", ZDNet, 21 de abril de 2020, zdnet.com/article/this-ai-tool-helps-hospitals-predict-covid-19-bed-and-ventilator-demand/.

130 *"Um aumento nas pesquisas do Google, com frases":* Seth Stephens-Davidowitz, "Google Searches Can Help Us Find Emerging COVID-19 Outbreaks", *New York Times,* 5 de abril de 2020, nytimes.com/2020/04/05/opinion/coronavirus-google-searches.html.

130 *"A IA desempenhou um papel crucial no desenvolvimento da vacina"*: Jo Best, "AI and the Coronavirus Fight: How Artificial Intelligence Is Taking on COVID-19", ZDNet, 9 de abril de 2020, zdnet.com/article/ai-and-the-coronavirus-fight-how-artificial-intelligence-is-taking-on-covid-19/.

130 *"O rastreamento de contato e os aplicativos de smartphone com a opção de rastrear"*: Simon Sharwood, "Pan-European Group Plans Cross-Border Contact-Tracing App—and Promises GDPR Compliance", *The Register,* 6 de abril de 2020, theregister.com/2020/04/06/pan_european_privacy_preserving_proximity_tracing_plan/.

132 *"O Aadhaar colocou um número inédito de pessoas"*: "Top 10 Insights", State of Aadhaar, stateofaadhaar.in/top-10-insights.php.

133 *"Seus habitantes":* "Urban Development Overview", Banco Mundial, worldbank.org/en/topic/urbandevelopment/overview#1.

133 *"Acidentes de trânsito matam mais de 1 milhão de pessoas"*: "Road Traffic Deaths Data by Country", Global Health Observatory Data Repository, Organização Mundial da Saúde, https://apps.who.int/gho/data/node.main.A997?lang=en.

135 *"usa um sistema de reconhecimento automático de placas"*: James Bridle, "How Britain Exported Next-Generation Surveillance", *Matter,* 18 de dezembro de 2013, https://medium.com/matter/how-britain-exported-next-generation-surveillance-d15b5801b79e.

135 *"o astro de cinema Will Smith disse ao apresentador Stephen Colbert":* "Will Smith: 'Racism Is Not Getting Worse, It's Getting Filmed'", *Hollywood Reporter,* 3 de agosto de 2016, hollywoodreporter.com/tv/tv-news/will-smith-colbert-race-relations-obama-politics-sings-summertime-916816/.

136 *"pesquisadores publicaram um artigo na revista* Science*"*: Starre Vartan, "Racial Bias Found in a Major Health Care Risk Algorithm",

Scientific American, 24 de outubro de 2019, scientificamerican.com/article/racial-bias-found-in-a-major-health-care-risk-algorithm/.

137 *"apresentou evidências sobre algoritmos de reconhecimento facial"*: "Algorithmic Bias Persists", The Gender Shades Project, MIT Media Lab, Instituto de Tecnologia de Massachusetts, media.mit.edu/projects/gender-shades/overview/.

139 *"um estudo de 2018 da McKinsey & Company"*: Michael Chui, James Manyika, Mehdi Miremadi et al., "Notes from the AI Frontier: Applications and Value of Deep Learning", McKinsey Global Institute, 17 de abril de 2018, mckinsey.com/featured-insights/artificial-intelligence/notes-from-the-ai-frontier-applications-and-value-of-deep-learning.

139 *"Relatórios da Oxford Economics e da McKinsey"*: "How Robots Change the World", Oxford Economics, https://resources.oxford economics.com/how-robots-change-the-world?source=recent-releases.

140 *"o Fórum Econômico Mundial a descreveu"*: Nicholas Davis, "What Is the Fourth Industrial Revolution?", Fórum Econômico Mundial, 19 de janeiro de 2016, weforum.org/agenda/2016/01/what-is-the-fourth-industrial-revolution/.

141 *"uma previsão feita em 2016 pelo Conselho de Assessores Econômicos do presidente Obama"*: Carl Benedikt Frey, "COVID-19 Will Only Increase Automation Anxiety", *Financial Times*, 21 de abril de 2020, ft.com/content/817228a2-82e1-11ea-b6e9-a94cffd1d9bf.

141 *"Aos poucos, os EUA e alguns governos europeus estão aceitando a necessidade"*: "Coronavirus: Spain Set for Basic Income to Ease Crisis Pain", BBC News, 18 de maio de 2020, bbc.com/news/world-europe-52707551.

142 *"Uma pessoa de classe média nascida hoje no Japão"*: "Life Expectancy of the World Population", Worldometer, worldometers.info/demographics/life-expectancy/.

144 *"mas de acordo com um estudo de 2020 do Pew Research, apenas um terço dos norte-americanos"*: John Gramlich, "10 Facts about Americans and Facebook", Pew Research Center, 1º de junho de 2021, pewresearch.org/fact-tank/2021/06/01/facts-about-americans-and-facebook/.

144 *"Muitos leem sobre a possibilidade de os incêndios terem sido criminosos e iniciados"*: Ashley Gold, "Exclusive: False Fire Rumors Keep Spreading on Facebook Despite Ban", *Axios*, 16 de setembro de 2020, axios.com/facebook-false-fire-rumors-keep-spreading-despite-ban-a014ee1c-8bd7-4fe1-a644-928f2a580e19.html.

145 *"apenas 39,6% dos africanos tinham acesso à internet":* Hafez Ghanem, "Shooting for the Moon: An Agenda to Bridge Africa's Digital Divide", The Brookings Institution, 7 de fevereiro de 2020, brookings.edu/blog/africa-in-focus/2020/02/07/shooting-for-the-moon-an-agenda-to-bridge-africas-digital-divide/.

146 *"'Se você quer libertar uma sociedade'"*: Nicholas Thompson e Ian Bremmer, "The AI Cold War That Threatens Us All", *Wired*, 23 de outubro de 2018, wired.com/story/ai-cold-war-china-could-doom-us-all/.

147 *"A Rússia também ajudou Assad a disseminar propaganda digital"*: Karl Nicolas Lindenlaub, "The Syrian Online War of Narratives", Atlantic Council, 8 de julho de 2020, atlanticcouncil.org/blogs/menasource/the-syrian-online-war-of-narratives/.

148 *"O sistema de crédito social da China"*: Amanda Lee, "What Is China's Social Credit System and Why Is It Controversial?", *South China Morning Post*, 9 de agosto de 2020, scmp.com/economy/china-economy/article/3096090/what-chinas-social-credit-system-and-why-it-controversial.

148 *"Os dados usados para alimentar o sistema de crédito social chinês"*: Ibid.

149 *"'semelhante aos Centros de Controle e Prevenção de Doenças usando os aplicativos da Amazon e do Facebook'"*: Paul Mozur, Raymond Zhong e Aaron Krolik, "In Coronavirus Fight, China Gives Citizens a Color Code, with Red Flags", *New York Times*, 1º de março de 2020, nytimes.com/2020/03/01/business/china-coronavirus-surveillance.html.

149 *"empresas chinesas já ajudaram"*: Joe Parkinson, Nicholas Bariyo e Josh Chin, "Huawei Technicians Helped African Governments Spy on Political Opponents", *Wall Street Journal*, 15 de agosto de 2019, wsj.com/articles/huawei-technicians-helped-african-governments-spy-on-political-opponents-11565793017.

149 *"as maiores corporações da história norte-americana"*: John Laidler, "HighTech Is Watching You", *Harvard Gazette*, 4 de março de 2019, https://news.harvard.edu/gazette/story/2019/03/harvard-professor-says-surveillance-capitalism-is-undermining-democracy/.

150 *"Todas essas informações estão sendo coletadas"*: "Big Brother Is Watching You. (And You. And You. And You, Too.)", GZERO Media, 10 de junho de 2019, gzeromedia.com/big-brother-is-watching-you-and-you-and-you-and-you-too.

150 *"o norte-americano médio é pego por câmeras de segurança"*: Dan Avery, "Most Americans Are Recorded 238 Times a Week by Security Cameras and a Majority of Filming Happens When Driving, Study Reveals", *Daily Mail*, 25 de setembro de 2020, dailymail.co.uk/sciencetech/article-8774151/Most-Americans-recorded-238-TIMES-week-security-cameras-study-reveals.html.

150 *"Conforme uma reportagem do* New York Times *de janeiro de 2020"*: Kashmir Hill, "The Secretive Company That Might End Privacy as We Know It", *New York Times*, 18 de janeiro de 2020, nytimes.com/2020/01/18/technology/clearview-privacy-facial-recognition.html.

151 *"o governo dos EUA ampliou o uso de vigilância sem mandado judicial"*: Nicholas Wright, "Coronavirus and the Future of Surveillance", *Foreign Affairs*, 6 de abril de 2020, foreignaffairs.com/ articles/2020-04-06/coronavirus-and-future-surveillance?utm_medium=newsletters&utm_source=on_the_ballot&utm_campaign=on_the_ballot_2020_prospects&utm_content=20200408&utm_term=prospects-O-TB-021020.

151 *"E, embora a participação no Aadhaar tenha sido voluntária no começo"*: Ananya Bhattacharya e Nupur Anand, "Aadhaar Is Voluntary—but Millions of Indians Are Already Trapped", *Quartz India*, 26 de setembro de 2018, https://qz.com/india/1351263/supreme-court-verdict-how-indias-aadhaar-id-became-mandatory/.

151 *"As perguntas surgindo na Índia"*: David Ariosto, "The World's Largest Democracy Scans Voters' Eyes", GZERO Media, 6 de maio de 2019, gzeromedia.com/the-worlds-largest-democracy.

152 *"1G foi a tecnologia que nos permitiu"*: "Ain't Nuthin But a 5G Thang", GZERO Media, 11 de março de 2019, gzeromedia.com/aint-nuthin-but-a-5g-thang.

152 *"É a base sobre a qual os desenvolvedores construirão a internet das coisas"*: Jessica Rosenworcel, "Choosing the Wrong Lane in the Race to 5G", *Wired*, 10 de junho de 2019, wired.com/story/choosing-the-wrong-lane-in-the-race-to-5g/.

152 *"Também tornará possível que governos e empresas agreguem informações"*: Nicholas Thompson e Ian Bremmer, "The AI Cold War That Threatens Us All", *Wired*, 23 de outubro de 2018, wired.com/story/ai-cold-war-china-could-doom-us-all/.

154 *"espera-se que o mercado global de drones cresça"*: "Global Unmanned Aerial Vehicle (UAV) Market Report 2021-2026", Globe Newswire, 28 de junho de 2021, globenewswire.com/en/news-release/2021/06/28/2253654/28124/en/Global-Unmanned-Aerial-Vehicle-UAV-Market-Report-2021-2026-Rising-Demand-for-Contactless-Deliveries-of-Medical-Supplies-and-Other-Essentials-Using-Drones-Owing-to-COVID-19.html.

157 *"armas cibernéticas de vários tipos foram usadas"*: "Cyber Threats with David Sanger", GZERO Media, 6 de agosto de 2018, gzeromedia.com/videos/cyber-threats-with-david-sanger.

157 *"Tampouco devemos nos conformar"*: Robert D. Kaplan, "Why We Need Someone Like Ike", *Wall Street Journal*, 17 de julho de 2019, wsj.com/articles/why-we-need-someone-like-ike-11563404275.

158 *"como quando um ataque de malware russo na Ucrânia"*: "Six Russian GRU Officers Charged in Connection with Worldwide Deployment of Destructive Malware and Other Disruptive Actions in Cyberspace", Departamento de Justiça dos Estados Unidos, 19 de outubro de 2020, justice.gov/opa/pr/six-russian-gru-officers-charged-connection-worldwide-deployment-destructive-malware-and.

158 *"mas isso causou danos significativos e duradouros"*: "Cyber Threats with David Sanger", GZERO Media, 6 de agosto de 2018, gzeromedia.com/videos/cyber-threats-with-david-sanger.

158 *"Para combater o que as autoridades da Organização Mundial da Saúde chamaram de"*: Matt Richtel, "W.H.O. Fights a Pandemic Besides Coronavirus: An 'Infodemic'", *New York Times*, 6 de fevereiro de 2020, nytimes.com/2020/02/06/health/coronavirus-misinformation-social-media.html.

159 *"um hacker de 21 anos de Nova Jersey":* Nicky Woolf, "DDoS Attack That Disrupted Internet Was Largest of Its Kind in History, Experts Say", *The Guardian*, 26 de outubro de 2016, theguardian.com/technology/2016/oct/26/ddos-attack-dyn-mirai-botnet.

160 *"Conforme um estudo de 2019 da Brookings Institution"*: Mark Muro, Jacob Whiton e Robert Maxim, "What Jobs Are Affected by AI? Better-Paid, Better-Educated Workers Face the Most Exposure", The Brookings Institution, 20 de novembro de 2019, brookings.edu/research/what-jobs-are-affected-by-ai-better-paid-better-educated-workers-face-the-most-exposure/.

160 *"A IA está mudando o significado de ser humano"*: Janna Anderson e Lee Rainie, "Artificial Intelligence and the Future of Humans", Pew Research Center, 10 de dezembro de 2018, pewresearch.org/internet/2018/12/10/artificial-intelligence-and-the-future-of-humans/.

161 *"o presidente russo Vladimir Putin disse uma vez"*: Radina Gigova, "Who Putin Thinks Will Rule the World", CNN, 2 de setembro de 2017, cnn.com/2017/09/01/world/putin-artificial-intelligence-will-rule-world/index.html.

162 *"Os líderes da China encarregaram as empresas de tecnologia do país"*: Nicholas Thompson e Ian Bremmer, "The AI Cold War That Threatens Us All", *Wired*, 23 de outubro de 2018, wired.com/story/ai-cold-war-china-could-doom-us-all/.

163 *"a China terá duas vantagens grandes"*: Ibid.

165 *"As tecnologias chinesas serão mais baratas"*: Fareed Zakaria, "The Blacklisting of Huawei Might Be China's Sputnik Moment", FareedZakaria.com, 23 de maio de 2019, https://fareedzakaria.com/columns/2019/5/23/the-blacklisting-of-huawei-might-be-chinas-sputnik-moment.

168 *"o YouTube lançou um projeto para aperfeiçoar a maneira"*: Clive Thompson, "YouTube's Plot to Silence Conspiracy Theories", *Wired*, 18 de setembro de 2020, wired.com/story/youtube-algorithm-silence-conspiracy-theories/.

169 *"O Facebook ainda não conseguiu bons resultados como o YouTube"*: Tate Ryan-Mosley, "Why Facebook's Political-Ad Ban Is Taking on the Wrong Problem", *MIT Technology Review*, 6 de

setembro de 2020, technologyreview.com/2020/09/06/1008192/why-facebooks-political-ad-ban-is-taking-on-the-wrong-problem/.

169 *"as máquinas podem aprender que os vícios não são saudáveis"*: Jim Guszcza, "AI Needs Human-Centered Design", *Wired*, wired.com/brandlab/2018/05/ai-needs-human-centered-design/.

172 *"o governo Biden fez uma parceria com o Japão, a Índia e a Austrália"*: "Major Countries Propose Priorities for Biden Administration, World Leaders: Leaders of Australia, India, Japan and the United States Shape a New Era of Cooperation", Boston Global Forum, 7 de janeiro de 2021, https://bostonglobalforum.org/news-and-events/news/major-countries-propose-priorities-for-biden-administration-world-leaders-leaders-of-australia-india-japan-and-the-united-states-shape-a-new-era-of-cooperation/.

Conclusão

178 *"Não houve vida inteligente em nosso planeta"*: Jeff Desjardins, "Animation: Human Population Growth Over All of History", Visual Capitalist, 31 de janeiro de 2018, visualcapitalist.com/animation-population-growth-history/.

184 *"aumentaram nossa capacidade de cooperação"*: Para uma elaboração persuasiva desta teoria, veja Robert Wright, *Nonzero: The Logic of Human Destiny* (Nova York: Pantheon Books, 1999).

190 *"172 países assinaram o projeto COVAX"*: "172 Countries and Multiple Candidate Vaccines Engaged in COVID-19 Vaccine Global Access Facility", Organização Mundial da Saúde, 24 de agosto de 2020, who.int/news/item/24-08-2020-172-countries-and-multiple-candidate-vaccines-engaged-in-covid-19-vaccine-global-access-facility.

194 *"A UE usou a COVID-19 para combater as mudanças climáticas"*: *Greenness of Stimulus Index*, fevereiro de 2021, Vivid Economics, 44–45, vivideconomics.com/wp-content/uploads/2021/02/Greennes-of-Stimulus-Index-5th-Edition-FINAL- VERSION-09.02.21.pdf.

ÍNDICE

D

E

F

G

I

L

M

N

P

R

T

V

X